Mohammad Namir
Mariam Magdy
Soheir El Saiedy

Casca de banana como ingrediente funcional no pão

Imprint
Any brand names and product names mentioned in this book are subject to trademark, brand or patent protection and are trademarks or registered trademarks of their respective holders. The use of brand names, product names, common names, trade names, product descriptions etc. even without a particular marking in this work is in no way to be construed to mean that such names may be regarded as unrestricted in respect of trademark and brand protection legislation and could thus be used by anyone.

Cover image: www.ingimage.com

This book is a translation from the original published under ISBN 978-620-8-01207-6.

Publisher:
Sciencia Scripts
is a trademark of
Dodo Books Indian Ocean Ltd. and OmniScriptum S.R.L publishing group

120 High Road, East Finchley, London, N2 9ED, United Kingdom
Str. Armeneasca 28/1, office 1, Chisinau MD-2012, Republic of Moldova, Europe
Printed at: see last page
ISBN: 978-620-8-10072-8

Casca de banana como ingrediente funcional em pão

BY

MOHAMMAD NAMIR

MARIAM MAGDY

SOHEIR EL SAIEDY

Os desafios duplos da fome global e das alterações climáticas intensificaram a urgência de explorar soluções sustentáveis na indústria alimentar. Uma abordagem promissora é a valorização dos resíduos agrícolas como fonte de ingredientes funcionais em formulações alimentares. Os subprodutos agrícolas, como a casca da banana, são frequentemente ricos em compostos bioactivos, fibras e antioxidantes, que podem ser aproveitados para melhorar o perfil nutricional dos produtos alimentares. A incorporação destes ingredientes funcionais não só reduz os resíduos ambientais, como também representa uma estratégia fundamental para mitigar a escassez de alimentos, promovendo simultaneamente benefícios para a saúde.

Dr. Mohammad Namir
Professor Associado de Tecnologia Alimentar e líder da "Equipa de Investigação de Alimentos Funcionais", Departamento de Ciência Alimentar, Faculdade de Agricultura, Universidade de Zagazig, Egito.

Autor correspondente
Correio eletrónico: m_namir@zu.edu.eg

RESUMO

O consumo de alimentos ricos em fibras é altamente benéfico para a manutenção de uma boa saúde. Com o objetivo de contribuir para o desenvolvimento de produtos de cereais enriquecidos com fibras funcionais, foi realizado o nosso estudo de investigação. Este estudo centra-se na substituição parcial da farinha de trigo por resíduo insolúvel em álcool preparado a partir de subprodutos da casca de banana (AIR-BP) em diferentes tamanhos de partículas (PS). O principal objetivo desta pesquisa é investigar o pão enriquecido com fibra de variáveis independentes, especificamente os níveis de substituição de AIR-BP variando de 3% a 20% e tamanhos de partículas variando de 40 µm a 300 µm, em várias propriedades, tais como função, reologia, caraterísticas térmicas, físico-químicas e atributos sensoriais. O AIR-BP utilizado neste estudo é caracterizado pelo seu elevado teor de fibra alimentar total (FDT), que ascende a 79,62%. Além disso, apresenta uma considerável capacidade de retenção de água (WHC) e exibe cores vibrantes e apelativas.

À medida que a proporção de AIR-BP e o tamanho das partículas aumentam, o teor total de fibra alimentar, a absorção de água e o tempo de desenvolvimento da massa também aumentam. Além disso, observou-se que um tamanho de partícula mais elevado contribui para a diminuição da estabilidade da estrutura da massa e para o enfraquecimento da massa. Em termos do pão resultante, o pão experimental enriquecido com fibra apresenta volumes específicos mais baixos e maior dureza quando há um nível de incorporação mais elevado de AIR-BP em tamanhos de partículas maiores. No entanto, apesar destas diferenças nas propriedades físicas, tanto os atributos sensoriais do pão experimental como do pão de controlo são considerados aceitáveis.

Índice

LISTA DE ABREVIATURAS

AIR-BP	Alcohol insoluble residue from banana peel
PS	Particle size
TDF	Total dietary fiber
DF	Dietary fiber
SDF	Soluble dietary fiber
IDF	Insoluble dietary fiber
PCWDF	Plant Cell Wall – Derived Dietary Fiber
WHC	Water holding capacity
OHC	Oil holding capacity
SC	Swelling capacity
HPH	High Pressure Homogenization
DHPM	Dynamic High – Pressure Micro – Fluidization
UC	Ultrafine Comminution
HHP	High Hydrostatic Pressure
CEC	Cation Exchange Capacity
GAC	Glucose adsorption capacity
CAC	Cholesterol adsorption capacity
NIAC	Nitrite ion adsorption capacity
AHP	Alkaline hydrogen peroxide
RSM	Response surface methodology
BU	Barbender unit
CI	Carr index
HR	Hausner ratio
SC	Soluble carbohydrate

WSI	Water Solubility index
WA	Water absorption
DDT	Dough development time
DST	Dough stability time
DW	Dough weakening
SF	Softening
DSC	Differential scanning calorimeter
PT	Pasting temperature
PV	Peak viscosity
FV	Final viscosity
FEB	Fiber-enriched bread
BDV	Breakdown viscosity
SBV	Setback viscosity
DST	Dough stability time
WD	Wakening dough
ST	Stability time
FV	Final viscosity
BD	Breakdown
SB	Setback
ΔH	Enthalpy value
T_o	Onset temperature
Tp	Melting temperature
Tc	Conclusion temperature

1. INTRODUÇÃO

A banana (*Musa* sp.) é um fruto tropical com um consumo crescente devido ao seu sabor agradável, aroma, textura e conteúdo de nutrientes **(Vu *et al.*, 2019)**. As bananas são também a primeira fruta fresca comercializada no mundo **(Rosmiza *et al.*, 2016)**. A produção média mundial de bananas foi estimada em 115 milhões de toneladas **(FAOSTAT, 2021)**. O elevado consumo de bananas, quer frescas quer pós-processamento, gera uma grande quantidade de resíduos; representando 40% do peso total da fruta fresca **(Odedina *et al.*, 2017)**. A utilização destes resíduos na produção de compósitos alimentares contribui significativamente para a melhoria da cadeia de produção, gerando assim valor acrescentado. Além disso, esta prática aborda eficazmente os desafios ambientais prevalecentes que surgem devido à acumulação de tais resíduos, mitigando assim os problemas associados.

Para além disso, as cascas de banana contêm proteínas (6-9%), gordura (3,8-11%) e muitos outros minerais e açúcares livres **(Mohapatra *et al.*, 2010)**A literatura demonstrou que as cascas de banana são ricas em ácidos gordos polinsaturados, como o ácido linoleico (ómega 6) e o ácido α-linolénico (ómega 3), que representam mais de 40% do total dos seus ácidos gordos. Além disso, a casca de banana pode ser considerada uma boa fonte de aminoácidos essenciais **(Tsado *et al.*, 2021)**. Com um teor de TDF (fibras alimentares totais) de (43,2-49,7%), a casca de banana é considerada uma fonte rica de fibra alimentar composta por pectina (10-20%), hemicelulose (17-40%), celulose (18-60%), xilose (12%) e lignina (16-31%) que pode ser convertida em oligossacarídeos de maior valor acrescentado **(Oliveira *et al.*, 2016; Odedina *et al.*, 2017; Harini *et al.*, 2018; Pereira *et al.*, 2021)**. Portanto, é possível reciclar as cascas de banana em componentes funcionais benéficos, como a fibra dietética prebiótica. É uma fonte barata de fibra alimentar. As literaturas têm ilustrado muitos dos benefícios para a saúde associados ao aumento do consumo de alimentos ricos em fibras, incluindo um risco reduzido de doença cardíaca coronária porque alteram os perfis lipídicos do sangue, diminuem a pressão arterial e reduzem as concentrações de glicose. além disso, risco reduzido de obesidade, diabetes e alguns tipos de câncer **(Lan *et al.*, 2015).**

A fibra alimentar é amplamente reconhecida como um ingrediente funcional que exibe uma gama de propriedades tecnológicas promissoras, incluindo a capacidade de aumentar a capacidade de ligação de água e óleo. Esta caraterística é especialmente valiosa, uma vez que contribui para a estabilidade e consistência globais dos produtos alimentares. Além disso, verificou-se que a presença de fibra alimentar tem um impacto significativo nas propriedades texturais dos alimentos, prevenindo eficazmente o fenómeno indesejável da sinérese, que se refere à separação do líquido de um gel devido à contração. Além disso, a incorporação de fibra alimentar em alimentos ricos em gordura e emulsões serve para estabilizar estas formulações, prolongando assim o seu prazo de validade e melhorando a sua qualidade geral. Estes resultados, tal como salientado por **Elleuch *et al.* (2011)**(2011), confirmam a natureza multifuncional da fibra alimentar e o seu potencial de aplicação em vários sistemas alimentares.

A fim de melhorar as funções da DF (fibras alimentares) e produzir produtos enriquecidos com fibras com propriedades próximas ao produto original, os estudos têm se concentrado em duas estratégias: (1) a modificação da fibra alimentar por métodos químicos, físicos, enzimáticos e de fermentação antes do uso **(Šoronja-Simović *et al.*, 2016; Ullah *et al.*, 2017; Wen *et al.*, 2017; Yu *et al.*, 2018; Yoshida e Prudencio, 2020)** (2) controlar a percentagem de fibra alimentar adicionada e o seu PS (tamanho de partícula) **(Elleuch *et al.*, 2011)**.

As cascas de banana têm sido atualmente aplicadas em vários produtos alimentares para melhorar as propriedades nutricionais e físico-químicas. No fabrico de pão e de produtos de padaria, as cascas de banana têm sido utilizadas para substituir (1-30%). A aplicação da casca de banana pode ter muitos benefícios, incluindo: melhoria das composições nutricionais, atividade de eliminação de radicais livres, conteúdo fitoquímico e atividade antioxidante, que podem ser observados com 5% de substituição da casca de banana em fórmulas alimentares **(Eshak, 2016)**. A substituição da casca de banana a 10% melhorou as propriedades reológicas e de textura, como dureza, elasticidade e mastigabilidade dos produtos com boa aceitabilidade **(Gomes *et al.*, 2022)**. A substituição da casca de banana a níveis de 20% poderia iniciar propriedades físicas e sensoriais pobres em bolos sem glúten e produtos de cones de waffle **(Zanariah *et al.*, 2019)**. O nível mais baixo de substituição da casca e polpa de banana (6,5%) revelou-se eficaz para aumentar o teor de fibra alimentar e controlar a hidrólise do amido **(Ramli *et al.*, 2009).** O nível mais elevado de substituição da casca e da polpa de banana numa fórmula de macarrão/massa que proporcionou propriedades nutricionais mais elevadas com a melhor aceitabilidade sensorial foi de 15% **(Castelo-Branco *et al.*, 2017).**

O objetivo deste estudo pode ser resumido nos seguintes pontos:

1. Investigar as propriedades químicas, físicas e funcionais do resíduo insolúvel em álcool do subproduto do processamento da banana (AIR-BP) em diferentes níveis de tamanho de partícula (PS).
2. Avaliar as propriedades reológicas e termomecânicas dos compósitos experimentais de massa enriquecida com fibras
3. Determinar as caraterísticas químicas, físicas e sensoriais do pão enriquecido com fibras

2. REVISÃO DA LITERATURA

2.1. Subprodutos da transformação de frutos

O crescimento exponencial da população mundial contribui para um aumento da procura de produção e transformação de alimentos e, consequentemente, para a produção de grandes quantidades de resíduos alimentares. A transformação dos alimentos ao longo da cadeia de abastecimento gera sempre grandes quantidades de resíduos alimentares que ainda são comestíveis ou que podem ser utilizados como subprodutos. A FAO descreve o desperdício alimentar como "perda de qualidade e quantidade de alimentos através do sistema da cadeia de abastecimento que ocorre no ponto de produção, pós-colheita e processamento" **(Tsang *et al.*, 2019)**. O desperdício alimentar pode ser minimizado, mas não pode ser totalmente evitado **(Arun *et al.*, 2020)** e inclui frutas frescas, vegetais, laticínios, produtos de panificação e carne de fontes como casa, setor de hospitalidade, processamento de alimentos, cozinhas industriais e resíduos agrícolas **(Sharma *et al.*, 2020)**.

De acordo com a FAO, quase um terço do total de alimentos fornecidos anualmente para consumo humano é **desperdiçado (Kannah *et al.*, 2020)**. A nível mundial, perdem-se anualmente 1,3 mil milhões de toneladas de alimentos desperdiçados (28% da área agrícola utilizada) **(Sharma *et al.*, 2020)**. Estes resíduos são tratados por incineração ou por deposição em aterro. Estas opções, no entanto, implicam preços elevados e têm os seus deméritos: a incineração resulta na emissão de gases de combustão e os aterros sanitários poluem a fonte de água **(Kannah *et al.*, 2020)**. Por isso, nos últimos anos, a comunidade científica tem feito uma série de tentativas para minimizar a quantidade de resíduos alimentares gerados e para os reutilizar **(Ng *et al.*, 2020)**.

De facto, os resíduos alimentares ricos em matéria orgânica e nutrientes podem ser vistos como uma possível matéria-prima para a recuperação de produtos de valor acrescentado de base biológica. Os resíduos agrícolas e de processamento de alimentos são normalmente abundantes em compostos úteis, como açúcares, proteínas, amido, micronutrientes, compostos bioactivos e fibras alimentares **(Torres-León *et al.*, 2018)** e podem constituir matérias-primas para a bioconversão biotecnológica de bioprodutos de elevado valor, como biocombustíveis, enzimas, probióticos, compostos bioactivos e plásticos biodegradáveis. As abordagens sustentáveis à utilização de resíduos alimentares em produtos de base biológica úteis contribuíram para a criação de uma **economia** circular **(Ng *et al.*, 2020)**.

A criação de novos bioprocessos, como a utilização enzimática e microbiológica de resíduos alimentares para garantir um sistema alimentar seguro, é uma das necessidades essenciais da ciência e tecnologia alimentares para cumprir os Objectivos Globais de Sustentabilidade **(Torres-León *et al.*, 2018)**. Muitos investigadores têm estudado a valorização de subprodutos, no entanto, concentrando-se em resíduos insolúveis que ainda contêm alguns compostos valiosos, incluindo proteínas, compostos fenólicos ligados e principalmente fibra dietética **(Arranz *et al.*, 2009; Chau *et al.*, 2004).**

2.2. Subproduto da casca de banana

A banana é uma cultura frutícola amplamente cultivada e consumida na região tropical e subtropical. O consumo médio de banana é de 12 kg por pessoa, o que a torna a principal cultura alimentar do mundo, depois do arroz, do trigo e do milho. A produção mundial de bananas aumentou de forma constante nos últimos 20 anos, passando de aproximadamente 70 milhões de toneladas em 1999 para cerca de 117 milhões de toneladas em 2019. As bananas são predominantemente produzidas na Ásia, na América Latina e em África. Em 2019, o principal produtor de bananas é a Índia, seguida pela China, Indonésia, Brasil e Equador **(FAOSTAT, 2020)**.

As bananeiras pertencem à família Musaceae. As bananeiras são derivadas de três géneros (*Musa, Ensette* e *Musella*) da mesma família, mas compreendem universalmente várias espécies de Musa **(Mathew e Negi, 2017)**. Quase todas as cultivares de bananeira identificadas derivam de duas espécies diplóides, nomeadamente *Musa acuminata* (genoma A) e *Musa balbisiana* (genoma B). As cultivares pertencentes à *Musa balbisiana* tendem a ser bananas com amido, que também são conhecidas como plátanos, e as cultivares pertencentes à *Musa acuminata* tendem a ser bananas doces para sobremesa, descascadas e comidas. Dado que a banana é uma cultura importante a nível mundial, a plantação gera toneladas de resíduos após cada época de colheita e durante a transformação para obter polpas de banana. As deposições podem incluir folhas, pseudocaule, pedúnculo e inflorescência, mas 35%-50%

da massa total do fruto representa a casca da banana **(Gomes *et al.*, 2022)**.

As cascas de banana são normalmente despejadas no ambiente sem qualquer tratamento. Em alguns casos, a casca de banana pode ser usada como fertilizante orgânico e ração animal devido ao seu baixo teor de taninos e alto teor de fibras **(Pereira e Maraschin, 2015)**. Aproximadamente 36 milhões de toneladas de casca de banana são produzidas todos os anos, e o seu fim atual está associado a um impacto ambiental adverso e a perdas económicas. Todos os dias, várias toneladas de resíduos de casca de banana são geradas nos mercados de frutas e no lixo doméstico, causando um odor desagradável devido à digestão anaeróbia da biomassa, que produz gases que perturbam o equilíbrio natural do ar. Embora as bananas maduras sejam consumidas não transformadas, quantidades significativas de bananas são transformadas industrialmente em farinha de banana, batatas fritas e outros produtos transformados, o que dá origem a grandes resíduos de cascas de banana. Anteriormente, as cascas de banana eram eliminadas num aterro pelas indústrias alimentares. O sector agrícola beneficiaria financeiramente com a conversão da casca de banana num produto valioso. A casca tem sido tradicionalmente utilizada como remédio para uma série de doenças, como queimaduras, anemia, diarreia, úlceras, inflamações, diabetes, tosse, mordedura de cobra e **menstruação** excessiva **(Gomes *et al.*, 2022; Pereira e Maraschin, 2015)**.

Além disso, a casca é rica em fibras alimentares e compostos fenólicos, e tem uma elevada atividade antioxidante, antibacteriana e antibiótica **(Fidrianny *et al.*, 2014)**. Assim, é um material com muito potencial, o que promove a sua utilização nas indústrias nutracêutica e farmacêutica. O rápido aumento da população mundial e a tendência para a utilização de subprodutos agrícolas viáveis e amigos do ambiente oferecem uma plataforma estável para a continuação da inovação no desenvolvimento de subprodutos e resíduos de banana. No que diz respeito à qualidade nutricional, a casca de banana tem demonstrado excelentes utilizações em diferentes produtos alimentares, como a panificação, produtos culinários e produtos à base de carne, principalmente devido aos seus vários compostos bioactivos com potenciais efeitos promotores da saúde **(Zhang *et al.*, 2020a)**.

2.3. Fibra alimentar: Definição e função

A fibra alimentar é definida como polímeros de hidratos de carbono que possuem um grau de polimerização não inferior a 3 **(Slorach, 2006)**. Estes polímeros são caracterizados pela sua incapacidade de serem digeridos ou absorvidos no intestino delgado. O objetivo de estabelecer um grau mínimo de polimerização é excluir os mono e dissacáridos da definição, centrando-se assim apenas nos hidratos de carbono mais complexos. É importante notar que esta definição não pretende refletir o grau médio de polimerização encontrado numa mistura. Em termos de composição, a fibra alimentar pode ser constituída por um ou mais dos seguintes elementos: polímeros de hidratos de carbono comestíveis naturais que se encontram nos alimentos quando estes são consumidos, polímeros de hidratos de carbono derivados de matérias-primas alimentares através de meios físicos, enzimáticos ou químicos, e até polímeros de hidratos de carbono sintéticos.

Os presumíveis benefícios para a saúde da fibra alimentar (FD), incluindo polissacáridos, oligossacáridos, lenhina e substâncias associadas de plantas alimentares, tornaram-na um tema de vanguarda durante décadas, tanto na comunidade académica como na industrial. A ingestão diária de uma determinada quantidade de FD tem sido recomendada em muitos países **(Lupton *et al.*, 2009)**. De acordo com a definição recente da **U.S. Food and Drug Administration (2016)**, a FD é constituída por "hidratos de carbono solúveis e insolúveis não digeríveis (com três ou mais unidades monoméricas) e lenhina intrínseca e intacta nas plantas; hidratos de carbono não digeríveis isolados ou sintéticos (com três ou mais unidades monoméricas) com efeitos fisiológicos benéficos para a saúde humana". A fibra alimentar derivada da parede celular vegetal é a entidade física dos polissacáridos da parede celular e da lenhina num tecido vegetal, e coexiste com muitos constituintes bioactivos intracelulares num contexto alimentar completo, como os alimentos integrais **(Seal e Brownlee, 2015)**. Uma vez que a fibra alimentar derivada da parede celular vegetal em alimentos e ingredientes é complexa em termos de composições e estruturas químicas, são necessárias estratégias de investigação inovadoras para obter uma compreensão mais profunda da estrutura física e das propriedades funcionais, bem como dos benefícios para a saúde associados à fibra alimentar derivada da parede celular vegetal. O impacto fisiológico na saúde humana é outro critério crucial da FD.

Os estudos epidemiológicos e as meta-análises disponíveis demonstraram que os alimentos integrais que contêm fibras alimentares derivadas da parede celular vegetal (FDDC), em particular os grãos de cereais naturalmente ricos em FDDC, podem reduzir o risco de doenças cardiovasculares, doenças coronárias, obesidade, pré-diabetes, diabetes tipo 2 e cancro **(Gill *et al.*, 2021)**. Recentemente, foi desenvolvido um sistema de classificação 2D de tamanho e concentração de partículas para categorizar os materiais DF **(Gidley e Yakubov, 2019)**, que pode ser mais adequado para refletir a relação entre as estruturas físicas, propriedades físico-químicas e fermentabilidade da fibra alimentar derivada da parede celular vegetal. As soluções viscosas de fibra alimentar derivada da parede celular vegetal (por exemplo, β-glucano na farinha de aveia) podem formar uma estrutura espessa, semelhante a um gel, que afeta a digestão e absorção de nutrientes, as respostas da glicose e da insulina, bem como as alterações hormonais intestinais a curto prazo **(Zurbau *et al.*, 2021)**. Os FDPC densamente embalados e com partículas de grandes dimensões podem ter uma taxa de fermentação lenta, mas podem atuar como transportadores de outros nutrientes ou compostos **(Saura-Calixto, 2011)** para modular a saúde do cólon. Aqui, o tamanho da partícula não é o peso molecular de um polímero DF simples, mas representa o tamanho dos tecidos vegetais que contêm fibra alimentar derivada da parede celular da planta. As percentagens baseadas no peso são mais adequadas para representar a concentração de fibra alimentar derivada da parede celular vegetal. Por conseguinte, a fibra alimentar derivada da parede celular das plantas em alimentos de origem vegetal é estruturalmente diferente da tradicional fibra alimentar sintética ou isolada, e a organização especial dos componentes da fibra alimentar derivada da parede celular das plantas nos tecidos vegetais é fundamental para uma compreensão profunda da fibra alimentar derivada da parede celular das plantas no contexto alimentar completo. Propõe-se uma nova metodologia de investigação de uma abordagem holística combinada com bioinformática para decifrar ainda mais a complexidade da fibra alimentar derivada da parede celular vegetal e as relações estrutura-função **(Joint e Commission, 2005)**.

A fibra alimentar, um componente essencial de uma dieta saudável, é uma classe complexa de compostos que engloba uma gama diversificada de polímeros de hidratos de carbono vegetais. Estes polímeros, que podem ainda ser classificados em oligossacáridos e polissacáridos, incluem vários tipos, tais como celulose, hemiceluloses, substâncias pécticas, gomas, amido resistente e inulina. Além disso, a fibra alimentar pode também estar associada a componentes não hidratos de carbono, nomeadamente a lenhina e outras substâncias como polifenóis, ceras, saponinas, cutina, fitatos e proteínas resistentes. A inclusão destes compostos não hidratos de carbono contribui ainda mais para a complexidade e diversidade funcional da fibra alimentar **(Fuentes-Zaragoza *et al.*, 2010b).**

As necessidades diárias de fibra alimentar são, em média, de 25 gramas para as mulheres com menos de 50 anos e de 21 gramas para as mulheres com mais de 50 anos. Para os homens com menos de 50 anos, a necessidade diária é de 38 gramas, enquanto para os homens com mais de 50 anos é de 30 gramas. O consenso geral entre nutricionistas e especialistas em dietas é que aproximadamente 20-30% da nossa ingestão diária de fibras deve ser proveniente de fibras solúveis. O interesse pela fibra alimentar ao longo da história surgiu devido à hipótese de que o consumo de dietas pobres em fibra está associado a uma multiplicidade de doenças gastrointestinais e metabólicas prevalecentes no mundo desenvolvido **(Russell, 2001).** A natureza química das fibras é complexa; as fibras alimentares são constituídas por uma mistura de entidades químicas. A escolha do método analítico para investigar as fibras depende da composição de cada fibra em particular. A fibra alimentar é composta por hidratos de carbono não digeríveis, lenhina e outras substâncias associadas de origem vegetal, fibras de origem animal e polímeros de hidratos de carbono não digeríveis modificados ou sintéticos. Os hidratos de carbono não digeríveis são constituídos pelos seguintes polissacáridos: celulose, β-glucano, hemiceluloses, gomas, mucilagem, pectina, inulina, amido resistente; oligossacáridos: fruto-oligossacáridos, oligofrutose, polidextrose, galacto-oligossacáridos e oligossacáridos de soja rafinose e estaquiose. A quitosana é um exemplo de fibra de origem animal, derivada da quitina contida nos exoesqueletos de crustáceos e lulas; a sua estrutura molecular é semelhante à da celulose vegetal **(Borderías *et al.*, 2005)**.

Os cereais são a principal fonte de celulose, lenhina e hemiceluloses, enquanto os frutos e os legumes são as principais fontes de pectina, gomas e mucilagens. Cada polissacárido é caracterizado pelos seus resíduos de açúcar e pela natureza da ligação entre eles. A complexidade das fibras: a sua natureza química, o grau de polimerização, a presença de oligossacáridos e polissacáridos requerem vários métodos analíticos para a medição da fibra alimentar, para estimar com precisão a sua composição nos alimentos e subprodutos alimentares **(Elleuch *et al.*, 2011).**

As fibras alimentares são classificadas como solúveis ou insolúveis, com base no facto de formarem uma solução quando misturadas com água (solúveis) ou não (insolúveis). As fibras alimentares solúveis incluem as substâncias pécticas, as gomas, a mucilagem e algumas hemiceluloses, enquanto a celulose, outros tipos de hemiceluloses e a lenhina estão incluídos na fração insolúvel **(Lin, 2022)**

A solubilidade está relacionada com a estrutura dos polissacáridos; estes podem estar dispostos de forma regular (insolúveis) ou irregular (solúveis) na espinha dorsal ou nas cadeias laterais. A presença de um grupo de substituição como o COOH ou o SO_2 aumenta a solubilidade. A solubilidade é também afetada pela temperatura e pela força iónica. Por exemplo, esperava-se que os polissacáridos insolúveis da parede celular das algas castanhas fossem compostos principalmente por celulose, enquanto as fibras solúveis eram compostas por fucanos, laminaranos e alginatos. Esperava-se que os fucanos e laminaranos fossem solubilizados a pH 2, em comparação com o alginato a pH 7,5 a 35°C **(Elleuch *et al.*, 2011; Lin, 2022).**

A natureza solúvel e insolúvel das fibras alimentares envolve diferenças na sua funcionalidade tecnológica e efeitos fisiológicos. As fibras solúveis caracterizam-se pela sua capacidade de aumentar a viscosidade e de reduzir a resposta glicémica e o colesterol plasmático. As fibras insolúveis são caracterizadas pela sua porosidade, pela sua baixa densidade e pela sua capacidade de aumentar o volume fecal e diminuir o trânsito intestinal **(Elleuch *et al.*, 2011; Lin, 2022; Stribling e Ibrahim, 2023).** Em comparação com a fibra alimentar insolúvel, no processamento de alimentos a fração solúvel, demonstra maior capacidade de fornecer viscosidade, capacidade de formar géis e/ou atuar como emulsionantes, não tem má textura nem mau gosto e é mais fácil de incorporar em alimentos e bebidas processados. As algas marinhas e os subprodutos de fruta parecem ser fontes superiores de fibras solúveis, seguidos da fruta, dos vegetais e dos cereais **(Tungland e Meyer, 2002; Elleuch *et al.*, 2011)**

As propriedades de hidratação das fibras podem ser descritas através da medição da absorção de água, da capacidade de retenção de água e do inchamento. A absorção de água fornece informações detalhadas sobre a fibra, especificamente sobre o volume de poros do substrato.

A capacidade de retenção de água (WHC) é definida como a quantidade de água que é retida por 1 g de fibras secas em condições especificadas de temperatura, tempo de impregnação, duração e velocidade de centrifugação. No entanto, uma parte das fibras solúveis perde-se durante a medição, afectando a WHC. A quantidade de água medida por centrifugação é geralmente superior à quantidade de água absorvida. O inchaço (SC) pode ser avaliado pela técnica do volume do leito, determinada pelo inchaço das fibras em água durante a noite, num cilindro volumétrico **(Chau e Huang, 2003; Namir *et al.*,**

2022).

As propriedades de hidratação das fibras alimentares estão relacionadas com a estrutura química dos polissacáridos que as compõem e com outros factores, como a porosidade, o tamanho das partículas, a forma iónica, o pH, a temperatura, a força iónica, o tipo de iões em solução e as tensões sobre as fibras. A capacidade das fibras alimentares para reter água está fortemente relacionada com a fonte da fibra alimentar. As fibras alimentares provenientes de algas (por exemplo, *Laminaria digitata*) têm uma maior afinidade pela água e pelo óleo do que as provenientes de subprodutos de sumos de fruta. Os derivados de cereais apresentam a menor afinidade. Estas diferenças estão relacionadas com as propriedades químicas das fibras.

As suas propriedades de hidratação na água aumentam com a temperatura. De acordo com **Fleury e Lahaye (1991)**este aumento está provavelmente relacionado com o aumento da solubilidade das fibras. A variação da força iónica altera a relação entre a afinidade e a não afinidade das fibras pela água. De facto, a filtragem da carga diminui a repulsão eletrónica entre os polissacáridos, diminuindo assim a afinidade pela água e a expansão dos polissacáridos carregados.

Para além das suas propriedades de hidratação, as fibras têm a capacidade de reter óleo. A capacidade de retenção de óleo (OHC) é a quantidade de óleo retida pelas fibras após mistura, incubação com óleo e centrifugação. A absorção de óleo de derivados de cereais, por exemplo, farelo de trigo, está relacionada principalmente com as propriedades de superfície das partículas de farelo, mas também pode estar relacionada com a densidade global de carga e com a natureza hidrofílica dos constituintes, por exemplo, alginato e fucano, das algas **(Elleuch *et al.*, 2011; Lin, 2022).**

A capacidade de retenção de água, a SW e a OHC sugerem algumas possibilidades sobre a utilização de fibras como ingredientes em produtos alimentares: por exemplo, as fibras dietéticas com elevada OHC permitem a estabilização de produtos alimentares com elevado teor de gordura e emulsões. As fibras dietéticas com elevado WHC podem ser utilizadas como ingredientes funcionais para evitar a sinérese e modificar a viscosidade e a textura de alguns alimentos formulados **(Grigelmo-Miguel *et al.*, 1999)**.

A viscosidade (g), resistência ao fluxo, é definida como a razão entre a tensão de cisalhamento (C) e a taxa de cisalhamento (c). A maioria das soluções de polissacáridos apresenta um fluxo não newtoniano e um aumento da taxa de cisalhamento pode aumentar ou diminuir a viscosidade (**Sanderson, 1981**). As fibras solúveis em água são o principal componente que aumenta a viscosidade de uma **solução (Abdul-Hamid e Luan, 2000; Elleuch *et al.*, 2011). Abdul-Hamid e Luan (2000)** mostraram que o farelo de arroz desengordurado tem baixa viscosidade (aproximadamente 1,25 cps a 7% de fibra em água), porque contém apenas 9% de fibra solúvel.

A viscosidade aumenta com o aumento da concentração de fibra, mas diminui com a temperatura de uma solução de fibra alimentar. **(Elleuch *et al.*, 2008)** mostraram que as suspensões de fibra alimentar de pêssego e tâmara se comportaram como fluidos pseudoplásticos, cuja viscosidade ou consistência aparente diminui instantaneamente com um aumento na taxa de cisalhamento, conforme descrito pelo modelo de lei de potência (C= Kcn). O grau do comportamento pseudoplástico pode ser medido pelo índice de comportamento de fluxo (n). Por exemplo, suspensões de fibra alimentar de tâmara (entre 20 e 50 g/l) apresentam comportamento pseudoplástico (n < 1). Este índice passa de 0,326 para 0,13 quando a concentração de suspensões de fibra alimentar aumenta de 20 para 50 g/l (**Elleuch *et al.*, 2008; Elleuch *et al.*, 2011)**.

2.4. Modificação da fibra alimentar

De acordo com a literatura recolhida, os métodos de modificação dos DFs podem ser generalizados em três tipos: métodos físicos, químicos e biológicos.

2.4.1. Método físico

O método físico utiliza alta temperatura, alta pressão, redução instantânea da pressão, explosão, impacto a alta velocidade e cisalhamento para fundir ou quebrar a ligação glicosídica da FD, atingindo assim o objetivo da modificação, como o processamento a vapor (SP), a homogeneização a alta pressão (HPH), a microfluidização dinâmica a alta pressão (DHPM), a cominuição ultrafina (UC), a alta pressão hidrostática (HHP), a extrusão, os ultra-sons, as micro-ondas e o processamento por jato de cavitação.

O processamento a vapor SP é um método que pressiona vapor a alta temperatura e alta pressão em tecidos vegetais e paredes celulares, quer diretamente cozinhados num vaporizador, quer pressurizados por vapor num recipiente fechado **(Wang *et al.*, 2015)**. O SP pode aumentar a capacidade de troca catiónica

(CEC) e o teor de IDF do *Polygonatum Odoratum* DF **(Lan *et al.*, 2012)**, melhorar o teor de açúcar total e ácido urónico do resíduo de coalhada de soja SDF **(Li *et al.*, 2019b)**e diminuir a capacidade de retenção de água (WHC), a capacidade de retenção de óleo (OHC) e a capacidade de inchaço (SC) do okara DF **(Li *et al.*, 2019a)**. Além disso, o tratamento hidrotérmico simples pode obter componentes de fibra com potencial atividade prebiótica e alta atividade antioxidante em subprodutos de aspargos **(Jaramillo-Carmona *et al.*, 2019)**, e também melhorar significativamente a proporção de SDF: IDF em DF de cevada. O SP poderia atingir o objetivo de modificação com menos consumo de energia, pelo que tem sido gradualmente estudado por cada vez mais investigadores **(Bader Ul Ain *et al.*, 2019)**.

A homogeneização a alta pressão (HPH), como tecnologia não térmica, é normalmente aplicada para preparar emulsões, suspensões e espumas, mas também é utilizada para alterar as propriedades dos DFs. O efeito de modificação da HPH provém principalmente da válvula de homogeneização da bomba de deslocamento positivo. Quando o fluido do material passa através da fenda estreita, o material sofrerá uma queda de pressão óbvia e uma enorme força de cisalhamento. Outros efeitos produzidos durante o fluxo (como a turbulência, as ondas de choque e a cavitação) alteram a estrutura molecular e destroem as partículas em suspensão, alterando assim as propriedades físicas e químicas do DF.

Xie *et al.* (2017) utilizaram HPH para modificar batatas de polpa roxa (*Heimeiren*) DF, e provaram que o HPH aumentou o conteúdo de SDF, fenol total, inibição de α-glicosidase e atividades antioxidantes de batatas de polpa roxa tratadas DF. Em outro estudo, **(He *et al.*, 2020)** investigou o efeito da HPH no IDF na *Flammulina velutiper*. Os autores descobriram que, após o tratamento com HPH, o IDF exibiu maior WHC, estabilidade, desempenho de emulsificação e propriedades interfaciais. Além disso, a HPH também melhorou a estabilidade térmica do DF cítrico **(Zhang *et al.*, 2020b).** No entanto, a caraterística mais significativa da HPH é dar aos materiais modificados uma melhor capacidade de emulsificação e estabilidade de emulsificação.

A microfluidização dinâmica de alta pressão (DHPM) utiliza a combinação de forças de vibração de alta frequência, impacto de alta velocidade, cisalhamento de pressão ultra-alta e cavitação para modificar as propriedades estruturais e funcionais da DF **(Wang *et al.*, 2016)**. Aumenta a pressão do sistema em grande medida num curto período de tempo e liberta a pressão instantaneamente. Entretanto, a DHPM pode diminuir o tamanho das partículas do material e também tornar a matéria-prima solta e porosa **(Luo *et al.*, 2018)**. **Wang *et al.* (2018)** usaram o DHPM para tratar o IDF do farelo de arroz. Após o tratamento, o IDF mostrou uma maior capacidade de adsorver colato de sódio, colesterol e Pb (II), e o conteúdo de SDF, WHC, OHC e carga negativa total também aumentaram significativamente. No entanto, o DHPM requer um processo de limpeza mais complicado do que outros métodos físicos, e os poros seriam facilmente bloqueados por DFs.

A cominuição ultrafina (UC) utiliza a sua potência

mecânica e fluida para ultrapassar a coesão interna do sólido, cominuindo assim as partículas de material de mais de 3 mm para 10-25 µm. Este método foi atualmente utilizado por **Daou e Zhang (2012), Wen *et al.* (2017), Yu *et al.* (2018), Yan *et al.* (2019), Zhang *et al.* (2019) e Bender *et al.* (2020)** na cenoura, farelo de trigo, bagaço de pera, bagaço de uva, farelo de arroz desengordurado e farelo de arroz. **Yu *et al.*** descobriram que a UC melhorou muito as atividades antioxidantes totais, a capacidade de eliminação do radical DPPH e as habilidades antioxidantes no sistema de ácido linoléico do IDF de cenoura, mas diminuiu a capacidade de retenção de água (WRC) e a capacidade de retenção de óleo (ORC). Os mesmos resultados foram observados **(Zhang *et al.*, 2019)** que usaram UC para modificar o IDF de farelo de trigo. No estudo investigado por Bender *et al.* os autores descobriram que a UC também pode reduzir o conteúdo de celulose e lignina no bagaço de uva tratado. Em comparação com outros métodos físicos, a UC é capaz de fazer com que os materiais tenham o menor tamanho de partícula. Esta pode ser a razão pela qual os FD-UC apresentaram um WHC, OHC, WRC e ORC fracos.

A alta pressão hidrostática (HHP) consiste na utilização de água ou óleo como meio de transmissão de pressão para alterar a estrutura e a funcionalidade de moléculas de elevado peso molecular ou biopolímeros. Normalmente, sela os materiais num saco de vácuo, depois mergulha-os no líquido e aumenta a pressão do sistema em grande medida, levando à quebra das ligações de hidrogénio entre as macromoléculas sem gerar calor. A HHP tem sido amplamente utilizada nos processos de DFs, carnes, vegetais, frutas, frutos do mar e outros produtos **(Bermúdez-Aguirre e Barbosa-Cánovas, 2011)**.

Mateos-Aparicio ***et al.*** **(2010)** verificaram que, com o aumento da pressão hidrostática e da temperatura, o rácio de SDF: IDF, as propriedades físico-químicas da digestão in vitro e as propriedades químicas do okara aumentaram. **Yu** ***et al.*** **(2018)** indicaram que a HHP pode melhorar significativamente a capacidade do FDI de cenoura na retenção de água, inchaço da água, retenção de óleo, troca catiónica e adsorção de glucose. Além disso, o HHP é capaz de alterar a composição monossacarídica da FD de batata de polpa roxa **(Xie** ***et al.*****, 2017)** e do bagaço de pera SDF **(Yan** ***et al.*****, 2019)**.

A extrusão pode reduzir o tamanho das partículas sólidas e alterar as suas propriedades físicas através de uma transferência de calor eficiente, da mistura rápida de materiais e de uma elevada taxa de cisalhamento **(Duque** ***et al.*****, 2017)**. Além disso, a humidade nos DFs evaporará rapidamente na saída da extrusora, alterará a estrutura espacial entre o intermolecular e o intramolecular e, assim, alterará as propriedades químicas dos DFs. O DF de rebentos de bambu modificado por extrusão mostrou uma melhor WHC, OHC, SC, capacidade de adsorção de glicose (GAC), capacidade de adsorção de colesterol (CAC) e capacidade de adsorção de iões nitrito (NIAC) **(Song** ***et al.*****, 2018)**. Além disso, o processo de extrusão aumentou o teor de manose e xilose dos nós de raiz de lótus SDF, e também a capacidade de emulsão e estabilidade da emulsão.

Chen ***et al.*** **(2018)** observaram os resultados da experiência in vitro e descobriram que o SDF de resíduo de soja tratado por extrusão de jateamento poderia reduzir significativamente as concentrações de triglicerídeos, colesterol total e colesterol de lipoproteína de baixa densidade, enquanto elevam a concentração de colesterol de lipoproteína de alta densidade e conteúdo de SDF que aumentou em 11,57 vezes **(Chen *et al.*, 2014)**. Entretanto, o processo de extrusão de duplo parafuso pode diminuir as CCE da casca de laranja **DF (Garcia-Amezquita *et al.*, 2019)**e aumentar a capacidade de ligação de Pb da pele de alho DF **(Guo *et al.*, 2018)**. Em outro estudo, Xue *et al.* descobriram que, com a otimização das condições de extrusão, o WHC, OHC, GAC, índice de retardo de glicose e índice de retardo de ácido biliar do resíduo de cogumelo (*Lentinula Edodes*) DF aumentou significativamente **(Xue *et al.*, 2019)**. Embora o efeito de modificação da extrusão seja significativo, requer muita energia devido à sua elevada temperatura e pressão de processamento.

As condições de processamento de ultra-sons são muito suaves, e a modificação é normalmente concluída à temperatura e pressão ambiente. Além disso, o funcionamento dos ultra-sons é muito simples, basta colocar a matéria-prima no gerador de ultra-sons. Os ultra-sons podem quebrar a ligação química dos polissacáridos e provocar a cavitação das paredes celulares das plantas. A rutura e a vacuolação afectarão a morfologia e a estrutura do polímero de hidratos de carbono, soltarão o tecido e alterarão a hidrofilicidade da superfície, conduzindo assim a uma melhor dissolução dos seus componentes bioactivos. **Huang *et al.* (2018)** descobriram que o tratamento ultra-sônico poderia destruir a microestrutura do IDF na palha de alho, adicionar grupos hidrofílicos e formar uma estrutura de rede de favo de mel, levando a uma melhor função e propriedades físico-químicas para o IDF de palha de alho. Além disso, devido à capacidade de cavitação do ultrassom, o tratamento ultra-sônico também pode melhorar o conteúdo de GAC e SDF do farelo de arroz desengordurado DF **(Daou e Zhang, 2012)**, e WHC, OHC de sementes de quinoa DF **(Kurek *et al.*, 2018)**.

Como um processo de modificação emergente, as micro-ondas podem formar uma rotação de dipolo no solvente e aumentar rapidamente a temperatura, resultando num aumento da solubilidade do composto. Além disso, a energia de micro-ondas penetra diretamente no material da parede para atingir o centro da amostra, fazendo com que a amostra seja aquecida de forma mais rápida e uniforme, poupando assim mais energia e tempo. Além disso, as micro-ondas aumentam a pressão intracelular dos tecidos frescos, destroem as paredes celulares e libertam mais ingredientes activos **(Marra *et al.*, 2010; Ahmad e Langrish, 2012; Ismail *et al.*, 2013; Wei *et al.*, 2019)**. Essas caraterísticas do micro-ondas o tornam cada vez mais utilizado na modificação de DFs. Em condições otimizadas, melhorou o conteúdo de CAC, GAC e SDF do SDF de casca de toranja **(Gan *et al.*, 2020)**, o índice de retardamento da diálise da glucose do farelo de arroz desengordurado DF, e a estabilidade térmica do okara DF **(Lin *et al.*, 2020)**.

O processamento por jato de cavitação é amplamente aplicado em várias indústrias, tais como injectores de combustível para motores e equipamento de corte por jato de água **(Mitroglou *et al.*, 2017)**. Faz com que o fluido forme espontaneamente uma cavidade quando passa pelo bocal a uma velocidade muito elevada. Esta cavidade contrai-se e expande-se rapidamente, gerando uma forte temperatura local, jactos de velocidade e pressão **(Peng *et al.*, 2011)**. Por conseguinte, quaisquer partículas grandes no fluido são decompostas em partículas mais pequenas devido às fortes forças disruptivas.

Wu *et al.* (2020) usaram o processamento de jato de cavitação para modificar o okara DF e descobriram que, após 10 min de modificação, o WHC, OHC e SC do okara DF foram aumentados de 7,14 ± 0,14 g / g, 2,46 ± 0,05 g / ge 9,37 ± 0,28 mL / g para 10,0 ± 0,2 g / g, 5,04 ± 0,07 g / g e 13,9 ± 0,4 mL / g, respetivamente. Entretanto, o teor de TDF após o tratamento com jato de cavitação não se alterou muito, mas o teor de SDF aumentou mais de 5 vezes, resultando num aumento significativo da viscosidade de cisalhamento. No entanto, como um método com modificação superior de biscoitos enriquecidos com fibras, há poucos estudos sobre o uso de processamento de jato de cavitação para modificar DFs.

2.4.2. Método químico

O peróxido de hidrogénio alcalino AHP pode degradar a celulose, alterando assim a composição dos DFs. Muitos estudos mostraram que o AHP é capaz de melhorar significativamente as propriedades funcionais dos DFs, e os seus produtos de reação são principalmente oxigénio e água sem poluição secundária. O AHP é normalmente preparado através da mistura de peróxido de hidrogénio e hidróxido de sódio. Diferentes concentrações de AHP são compostas através de diferentes rácios de adição.

(Meng *et al.*, 2019) indicou que a estrutura cristalina do IDF de palha de trigo sarraceno tratado com AHP foi perturbada. Enquanto isso, o conteúdo de derivados do ácido hidroxicinâmico, derivados do ácido hidroxibenzóico, flavonóides e a capacidade antioxidante do IDF de palha de trigo sarraceno modificado com AHP mostraram uma diminuição indesejável. No entanto, o WHC, a atividade inibidora da α-amilase e o GAC da palha de trigo mourisco IDF foram significativamente melhorados pelo AHP. Além disso, o AHP melhorou a capacidade de ligação de ácidos biliares do SDF da casca de tomate **(Niu *et al.*, 2018)** capacidade de absorção de IDF de casca de inhame **(Wang *et al.*, 2020b)**e a estabilidade térmica, WHC, SC de citrinos DF **(Zhang *et al.*, 2020b)**. Em condições óptimas, o AHP também aumentou o teor de SDF do okara em 601%, o WHC e o SC em 26% e o teor de proteínas solúveis em 609% **(Yoshida e Prudencio, 2020)**. O álcali aplicado para modificação é geralmente hidróxido de sódio e os ácidos incluem ácido clorídrico, ácido cítrico e ácido sulfúrico.

Wang *et al.* (2021) compararam os diferentes efeitos modificados do hidróxido de sódio e do ácido cítrico no FDI de kiwis (*Actinidia deliciosa*). Os resultados sugeriram que o FDI de kiwis tratado com hidróxido de sódio possui uma estabilidade térmica mais elevada, mas o FDI de kiwis tratado com ácido cítrico tem uma capacidade de adsorção superior na água, óleo, ácido biliar, ião nitrito e glicose. No entanto, no estudo de Karra **(Karra *et al.*, 2020)**o hidróxido de sódio melhorou a atividade antioxidante, as CCE e o rendimento de FD de flores de tamareira macho tratadas com FD.

Em muitas pesquisas, o efeito de modificação de DFs tratados com ácido é o mais baixo, mas comparado com o DF sem qualquer tratamento, ainda tem um certo efeito de melhoria. O ácido sulfúrico foi utilizado por **Cornfine *et al.* (2010)** para investigar a capacidade de ligação de ácidos biliares da FD de tremoços (*Lupinus angustifolius* L.) modificados. Após a modificação, a capacidade de ligação de ácidos biliares dos tremoços modificados DF aumentou 38%. **(Zheng e Li, 2018)** descobriram que o tratamento com ácido clorídrico reduziu o WHC, SC e o índice de retardamento da diálise da glicose, mas melhorou a cor, CEC, OHC e estabilidade da emulsão do bolo de coco *(Cocos Nucifera* L.) DF.

No estudo de **Huang *et al.* (2015)**o autor investigou as condições de processamento de Na HPO_{24} na modificação da FDI de okara de soja. As propriedades funcionais da FDI em okara de soja foram melhoradas após o material ter sido diretamente imerso na solução de Na HPO_{24} . Em geral, este tipo de método de modificação é raro, e o efeito também não é bom.

Os tratamentos de carboximetilação e hidroxipropilação são processos de tratamento muito complicados que requerem muitas etapas. No estudo de Zhang **(Zhang *et al.*, 2019),** o IDF de farelo de trigo modificado por carboximetilação (obtido por reação com hidróxido de sódio e ácido cloroacético em ambiente de 2-propanol e precipitação de álcool) mostrou uma melhoria efetiva no WRC, SC, GAC, capacidade antioxidante total, poder redutor total, Fe^{2+} capacidade de quelação e capacidade de eliminação do radical DPPH.

Noutro **estudo (Park *et al.*, 2013)** não só investigou o

tratamento de carboximetilação, como também o tratamento de hidroxipropilação (os materiais reagem com óxido de propileno e sulfato de sódio em ambiente de hidróxido de sódio e são neutralizados por ácido clorídrico) da FD de cevada. A hidroxipropilação fez com que a FD de cevada possuísse uma melhor CS, WHC e digestibilidade in vitro. Os resultados semelhantes foram observados no estudo de Zheng (**Zheng** ***et al.*****, 2020)**que utilizou a carboximetilação e a hidroxipropilação para modificar a FD do bagaço de palma. Embora os efeitos destes dois métodos de modificação sejam grandes, os processos de operação são demasiado complicados e incómodos.

2.4.3. Método biológico

As enzimas habitualmente utilizadas incluem a celulase, a xilanase e a viscozima *L. A celulase* é o nome geral de um grupo de enzimas que degradam a celulose. Não é uma enzima única, mas um sistema enzimático multicomponente com um efeito sinérgico, e composto principalmente por β-glucanase e β-glucosidase. **Wang** ***et al.*** **(2020a)** utilizaram a celulase para modificar o resíduo de gengibre IDF e verificaram que a WRC, SC, ORC do resíduo de gengibre modificado IDF aumentou 22,45%, 33,85% e 36,26%, respetivamente. Além disso, o resíduo de gengibre modificado IDF apresenta uma maior CEC, CAC, capacidade de ligação de colato de sódio e capacidade de ligação de nitrito de sódio. Entretanto, o FDI do resíduo de gengibre modificado expõe mais grupos hidrofílicos e área de superfície específica, reduzindo assim significativamente o colesterol total, os triglicéridos e o índice de aterosclerose, mas aumentando o colesterol das lipoproteínas de alta densidade.

Além disso, a celulase aumentou a capacidade de ligação do colato de sódio e a atividade de eliminação do radical hidroxilo da polpa de batata SDF **(Cheng *et al.*, 2017)**, o teor de SDF, WHC, SC do farelo de trigo sarraceno tártaro DF **(Zhou *et al.*, 2012)**e o WHC, SC, CEC, atividade de inibição da α-amilase, índice de retardamento da diálise da glicose do bolo de coco (*Cocos Nucifera* L) DF **(Zheng e Li, 2018).**

Xilanase é um nome comum para uma classe de enzimas que degradam a xilana. Está amplamente distribuída na natureza e pode ser obtida a partir de animais, plantas e microrganismos que incluem β-1,4-endoxilanase, β-xilosidase, α-L-arabinosidase, α-D-glucuronidase, etc. As condições de hidrólise da xilanase foram otimizadas por Zhu *et al.* (2019) com projeto de teste de fator único e projeto de teste ortogonal. O autor provou que, sob as condições ideais de hidrólise: pH de hidrólise 3,8, dosagem de xilanase 50 U/g, temperatura de hidrólise 50◦C, tempo de hidrólise 2 h, o CBC do farelo de milheto de rabo de raposa modificado com xilanase (*Setaria Italica*) DF foi aumentado 2,23 vezes. No estudo de Cheng *et al.* (2017), os autores verificaram que o SDF obtido por polpa de batata tratada com xilanase apresentou melhores propriedades funcionais para atividade inibitória da lipase pancreática, efeito inibitório da amilase e índice de retardamento da diálise da glicose. A viscozima L foi utilizada pelo **Deng *et al.* (2023)** para modificar a SDF das cascas de tomate. Após a modificação, a FDS da casca de tomate apresentou um aumento do teor de CAG e de licopeno.

Os microrganismos habitualmente utilizados são

Trichoderma viride, Bacillus natto e *Monascus anka.* Ambos produzem enzimas que hidrolisam o DF. .

As colónias de *Trichoderma* geralmente crescem rapidamente e a maioria das hifas são hifas endofíticas. É uma estirpe produtora de celulase muito ativa e pode produzir uma variedade de enzimas biologicamente activas. **Jia *et al.* (2019)** investigaram as propriedades estruturais e funcionais do SDF do farelo de arroz desengordurado obtido através da fermentação de *Trichoderma viride.* Após a fermentação, o SDF de farelo de arroz desengordurado modificado mostrou um peso molecular aumentado, uma composição de monossacarídeos mais complicada e uma estrutura mais solta. Além disso, a fermentação por *Trichoderma viride* melhorou o WHC, OHC, CAC e o teor de FDN do farelo de arroz desengordurado.

O *Bacillus natto* pode produzir uma variedade de protease, glucoamilase, lipase e amilase, degradando assim os hidratos de carbono complexos e aumentando o rendimento das FDs. Foi aplicado por **Chu *et al.* (2019)** para fermentar o farelo de milheto, e descobriu que a fermentação de *Bacillus natto* aumentou o conteúdo de SDF de 2,3% para 13,2%, e a proporção de SDF: IDF aumentou de 3,1% para 19,9%. Devido à degradação da hemicelulose e da celulose pela fermentação, a FD do farelo de milho modificado formou estruturas mais porosas e soltas e mais polissacáridos. Assim, a capacidade de adsorção de WHC, OHC, SC, CAC, GAC, NIAC e colato de sódio do farelo de milho modificado DF foi significativamente melhorada, bem como a capacidade de eliminação do radical livre DPPH e o teor de fenol total.

Noutro estudo, *o Monascus anka* foi utilizado como estirpe modificada para obter a FD de okara, que foi preparada através de fermentação líquida. Os autores indicaram que, devido à clivagem das ligações de hidrogénio dos polissacáridos, o teor de oligossacáridos aumentou na FD de okara fermentada com *Monascus anka*. Após a fermentação, o teor de solúveis do okara DF era 1,79 vezes superior ao do controlo. Além disso, o WHC, OHC, SC do okara DF fermentado com *Monascus anka* melhorou significativamente, mas o WRC diminuiu ligeiramente (**Sun *et al.*, 2020**).

2.5. Efeitos interactivos das fibras alimentares na rede de glúten e nas propriedades reológicas das massas de farinha de trigo

Foram realizados vários estudos para examinar a viabilidade da incorporação de fracções ricas em fibra no desenvolvimento de produtos de panificação com elevado teor de fibra alimentar. A introdução de fibra alimentar na farinha tem um impacto significativo nas propriedades técnicas da farinha, o que, por sua vez, influencia a qualidade geral do produto final. A adição de fibra pode ter um efeito prejudicial na qualidade do produto final. Em geral, verificou-se que a inclusão de fibra diminui o volume do pão, resultando numa estrutura mais densa e menos arejada. Além disso, leva à produção de um miolo mais duro e escuro. Várias fontes de fibra têm sido utilizadas na produção de pães com alto teor de fibra, muffins, biscoitos, bolos e até produtos extrudidos. A influência destas fibras na qualidade do produto final depende principalmente do tipo e da composição da fibra, do nível de substituição e também do tamanho das partículas da fibra **(Katina, 2003; Wu *et al.*, 2014; Ahmed e Thomas, 2015; Adams *et al.*, 2017 a; Pan *et al.*, 2018; Saeed *et al.*, 2021)**.

A reologia desempenha um papel importante na indústria dos cereais, nomeadamente no que diz respeito ao processo de fabrico do pão **(Korese *et al.*, 2021)** Vários instrumentos, tais como o Farinógrafo, o Alveógrafo, o Mixolab e o Analisador Visco, podem ser utilizados para medir e testar as propriedades reológicas dos materiais alimentares. Estes instrumentos fornecem dados valiosos que podem ser correlacionados com a qualidade do produto final. Quando os subprodutos industriais são adicionados ao pão de trigo, a absorção de água da massa (WA), que é uma propriedade de mistura da massa, tende a aumentar **(Tarek -Tilistyák *et al.*, 2014b; Korese *et al.*, 2021; Parenti *et al.*, 2021; Xu *et al.*, 2021)**. No entanto, há uma exceção a esta tendência, como observado num estudo sobre a adição de farelo de arroz por **Anil (2012b)**em que o parâmetro WA efetivamente diminui. Vale a pena notar que a WA está negativamente correlacionada com o teor de proteína, mas geralmente aumenta com a presença de fibra alimentar total (TDF). O aumento da absorção de água pode ser atribuído à FDT, que contém um número significativo de grupos hidroxilo na sua estrutura de fibra. Estes grupos hidroxilo facilitam maiores interações com a água através de ligações de hidrogénio **(Rosell *et al.*, 2001).**

Diminuição da absorção de água observada por (**Anil, 2012b**) para a massa de trigo enriquecida com farelo de arroz pode ser potencialmente atribuída a vários factores, tais como a estrutura química da fibra alimentar total (FDT), a associação entre moléculas, o tamanho das partículas e a porosidade da fibra (**Milan** *et al.*, **2015**). Vale a pena notar que as propriedades de hidratação, especificamente a capacidade de retenção de água (WHC), dos subprodutos industriais incorporados na massa também devem ter um impacto na absorção de água. No entanto, é importante mencionar que, de acordo com **Ktenioudaki e Gallagher (2012a)**a relação entre as propriedades de hidratação e a absorção de água ainda não foi definitivamente estabelecida. Isto pode possivelmente dever-se ao facto de as propriedades de hidratação serem determinadas principalmente pelos próprios subprodutos industriais, enquanto o glúten presente na massa parece ser o principal fator de influência na absorção de água.

Outro estudo realizado por investigadores forneceu provas de que existe uma correlação positiva entre a presença de uma maior quantidade de grupos hidroxilo na estrutura da fibra e a maior capacidade de interação com a água através da formação de ligações de hidrogénio. Existe a hipótese de que a inclusão destes grupos hidroxilo pode contribuir para a capacidade da fibra de absorver água devido às propriedades de hidratação, tais como uma maior capacidade de retenção de água e uma maior capacidade de ligação à água. No entanto, é importante notar que ainda não foi estabelecida ou confirmada na literatura científica uma relação conclusiva e definitiva entre estas propriedades de hidratação e as subsequentes capacidades de absorção de água (**Rosell** *et al.*, **2001**).

A estabilidade da massa, que é uma caraterística importante na indústria de panificação, pode ser melhorada através da incorporação de vários tipos de fibras, tais como inulina, testa de avelã hidratada e farelo de trigo. De acordo com um estudo efectuado por **Peressini e Sensidoni (2009)**a adição destas fibras influenciou positivamente a estabilidade da massa. Outra investigação conduzida por **Anil (2012b)** corroborou ainda mais esta conclusão. Para além disso, **(Penella *et al.*, 2008)** investigaram o impacto de diferentes fibras, incluindo inulina, beterraba sacarina, parede celular de ervilha e casca de ervilha, na estabilidade da massa. Surpreendentemente, descobriram que a adição destas fibras não teve um efeito significativo na estabilidade da massa, exceto quando foi adicionada a fibra de beterraba sacarina, conhecida como Fiberx. Neste caso, foi observada uma diminuição substancial de 73,8% na estabilidade da massa. Os investigadores postularam que a composição da fibra desempenha um papel crucial na determinação da estabilidade da massa. Por conseguinte, sugeriram que deve ser efectuada uma avaliação da composição da fibra antes de incorporar fibras nas formulações de massa. Isto está de acordo com o estudo efectuado por **Rosell *et al.* (2001)**que enfatizou a importância de compreender o impacto da composição da fibra na estabilidade da massa. De um modo geral, estes estudos fornecem informações valiosas sobre a relação entre a adição de fibras e a estabilidade da massa, salientando a necessidade de uma análise cuidadosa dos tipos de fibras e dos seus efeitos nas formulações de massa.

Um estudo efectuado por **Wu *et al.* (2014)** descobriu que a absorção de água e a extensibilidade da farinha, especificamente a farinha enriquecida com fibra dietética bruta derivada do pericarpo do milho, bem como os parâmetros de textura dos invólucros de bolinhos crus, sofreram modificações notáveis. Observou-se que a inclusão de fibras alimentares solúveis, como o arabinoxilano e o β-glucano, possuía propriedades funcionais louváveis, que demonstravam o potencial de exercer uma influência nas propriedades de processamento da farinha e, em última análise, afetar a qualidade dos produtos à base de farinha. Alterando substancialmente as propriedades da farinha, a adição de arabinoxilano teve um impacto significativo nas suas caraterísticas gerais. A incorporação de arabinoxilano, extraído do farelo de cereais, resultou numa redução da força do glúten na massa e também teve um efeito considerável nas propriedades reológicas da massa. Além disso, o pão que incorporou arabinoxilano apresentou um aumento substancial do volume e da capacidade de fratura, indicando uma correlação clara entre a inclusão de arabinoxilano e as propriedades resultantes do pão. Num estudo realizado por **Ghufran Saeed** ***et al.*** **(2009)**verificou-se que a inclusão de arabinoxilano teve um impacto significativo no volume e na capacidade de fratura do pão, realçando a importância desta fibra alimentar na melhoria da qualidade global dos produtos à base de farinha. Por conseguinte, pode concluir-se que a adição de arabinoxilano à farinha não só altera as suas propriedades, como também oferece potenciais benefícios em termos de melhoria da qualidade global dos produtos de panificação.

Outro estudo, realizado por **Adams** ***et al.*** **(2017b)**também documentou o impacto do conteúdo e da estrutura do arabinoxilano na qualidade da massa durante seu armazenamento congelado. Os investigadores verificaram que a adição de β-glucano resultou num aumento do tempo de mistura necessário e numa diminuição da extensibilidade da massa (**Ahmed e Thomas, 2018**). Observou-se que a massa contendo 1%-5% de β-glucano de aveia exibiu níveis mais altos de absorção de água do farinógrafo, maior tempo de desenvolvimento da massa e maior resistência à deformação. No entanto, também apresentou um menor grau de enfraquecimento da massa, redução da extensibilidade, viscosidade e valor de retrogradação. Além disso, a introdução de β-glucano na massa teve um efeito adicional no pão chinês cozido a vapor, uma vez que influenciou a distribuição de água dentro da massa, reduzindo, em última análise, a sua suscetibilidade ao endurecimento **Li *et al.* (2020)**.

O impacto dos subprodutos industriais noutras caraterísticas de mistura da massa de pão de trigo, tais como o tempo de desenvolvimento da massa (DDT), a estabilidade da massa (DS) e o grau de amolecimento (SF), varia consoante os subprodutos industriais específicos e as concentrações adicionadas. Esta observação foi apoiada por vários estudos efectuados por **(Liu *et al.*, 2007; Majzoobi *et al.*, 2011; Anil, 2012b; Tarek-Tilistyák *et al.*, 2014b)**

Além disso, as alterações no DDT e DS podem ser atribuídas à composição da fibra alimentar total (FDT) encontrada nesses subprodutos industriais. Quando estes subprodutos industriais são incorporados na farinha de trigo, o teor de FDT é aumentado, modificando consequentemente as propriedades da massa. Por um lado, isto pode levar a um aumento da consistência da massa devido à diluição da proteína do trigo ou à presença de componentes hidrofílicos nos subprodutos industriais que têm a capacidade de absorver água rapidamente. Consequentemente, o tempo de desenvolvimento (DDT) é reduzido, tal como referido por **Majzoobi *et al.* (2011)**.

O DDT pode registar um aumento da sua concentração se o TDF, presente nos subprodutos industriais, sofrer uma absorção lenta de água. Este fenómeno foi observado por **Martins *et al.* (2017)**. Por outro lado, um aumento nos níveis de TDF pode resultar numa maior quantidade de grupos hidroxilo disponíveis para interação com a água durante o processo de desenvolvimento da massa. Esta interação ocorre através de ligações de hidrogénio e foi destacada por **Wang *et al.* (2002)**. É importante notar que, embora cada ligação de hidrogénio seja relativamente fraca por si só, o estabelecimento de um número significativo destas ligações proporciona estabilidade à massa, levando a um aumento da estabilidade da massa (DS). Esta constatação foi enfatizada por **Sivam *et al.* (2010)**. Além disso, foi observado que a diluição do glúten pode ser responsável por uma diminuição da DS. Isto porque a diluição do glúten enfraquece a ligação cruzada das proteínas e reduz as interações entre as cadeias de glúten. Como resultado, a formação e a expansão da rede de glúten são influenciadas. Este fenómeno foi documentado por **(Ocen e Xu, 2013b; Tarek-Tilistyák *et al.*, 2014b)**.

As modificações no grau de amolecimento (SF) ou no índice de tolerância à mistura dependem do nível de tolerância exibido em relação ao processo de mistura. É importante notar que a massa com valores mais baixos de SF é geralmente considerada como mais desejável devido a uma variedade de razões. Por outro lado, valores mais elevados de SF indicam frequentemente a presença de maiores desafios durante o manuseamento mecânico e a composição da massa, necessitando assim de atenção e cuidados adicionais.

Os dados relativos às alterações na reologia da massa em bolos enriquecidos com vários ingredientes são limitados. Quando o bagaço de goiaba é adicionado aos bolos, a absorção de água (WA) aumenta enquanto a força da massa (DS) diminui. Por outro lado, os bolos enriquecidos com sementes de goiaba apresentam o comportamento oposto. Esta observação foi efectuada por **Khalifa *et al.* (2016)**. Como mencionado anteriormente, as alterações na absorção de água da massa podem ser atribuídas ao teor de proteína (que tem um impacto negativo) e à estrutura química da fibra alimentar total (FDT), bem como à associação entre moléculas, tamanho de partícula e porosidade da fibra (que pode ter um impacto positivo ou negativo). Estas conclusões foram documentadas por **(Rosell *et al.*, 2001; Park e Baik, 2002; Milan *et al.*, 2015)**. Por outro lado, as alterações na resistência da massa podem estar relacionadas com a composição do TDF nos subprodutos industriais. Tal pode dever-se a um aumento do número de grupos hidroxilo disponíveis para interação com a água durante o desenvolvimento da massa ou à diluição do glúten. Vários estudos, incluindo os de **(Wang *et al.*, 2002; Sivam *et al.*, 2010; Ocen e Xu, 2013b; Tarek-Tilistyák *et al.*, 2014b)**.

O impacto da incorporação de ingredientes funcionais derivados de subprodutos industriais nas propriedades de extensão da massa utilizada para fazer bolos de trigo é objeto de investigação. Estas propriedades extensivas incluem a resistência à deformação ou tenacidade (designada por P), a extensibilidade (designada por L), o equilíbrio entre a resistência elástica e a extensibilidade (conhecido como rácio P/L) e a energia de deformação (designada por W). Observou-se que os valores destas propriedades variam consoante o tipo de ingrediente funcional adicionado. No caso do P, verificou-se que o seu valor aumenta quando se adicionam cascas de batata à massa do bolo, enquanto que o seu valor diminui com a adição de bagaço de uva. O P é um parâmetro importante, pois serve de indicador da capacidade de retenção de gás da massa. As interações entre as proteínas e os polissacáridos do trigo foram identificadas como factores que podem influenciar o valor de P **(Rosell *et al.*, 2001; Sudha *et al.*, 2007)**. Passando para L, esta propriedade é um indicador das caraterísticas de processamento da massa. Curiosamente, observou-se que L apresenta uma tendência oposta em comparação com a tenacidade da massa. Especificamente, L aumenta quando se adiciona bagaço de uva à massa, enquanto diminui com a adição de cascas de batata. Por último, consideremos a relação P/L. Verificou-se que esta relação aumenta nos bolos de trigo enriquecidos com cascas de batata e bagaço de uva. Este aumento indica um endurecimento da massa devido à presença destes subprodutos industriais. Globalmente, a incorporação de ingredientes funcionais derivados de subprodutos industriais tem um impacto significativo nas propriedades extensivas da massa utilizada para fazer bolos de trigo.

Verificou-se que a incorporação de cascas de batata e bagaço de uva em bolos resulta numa diminuição do W, conforme relatado por **(Bender *et al.*, 2017; Jeddou *et al.*, 2017).** Para além disso, **(-Belghith-Fendri *et al.*, 2016)** observaram uma tendência semelhante de diminuição do rácio P, L e P/L com o aumento de W quando a vagem de fava e a vagem de ervilha foram incorporadas em formulações de bolo. No que diz respeito às caraterísticas físicas, como o volume e o volume específico, os bolos enriquecidos com subprodutos industriais apresentam geralmente uma diminuição, com exceção dos bolos enriquecidos com cascas de banana. Esta informação é apoiada pelos estudos realizados por **Walker *et al.* (2014) e Khalifa *et al.* (2016)**.

O aumento da absorção de água da massa em biscoitos de trigo é observado quando são adicionados subprodutos industriais, com exceção do bagaço de cana-de-açúcar (**Larrea *et al.*, 2005a;** K**Ktenioudaki e Gallagher, 2012a; Srivastava *et al.*, 2014b; Wani *et al.*, 2015**). Este fenómeno pode ser atribuído a vários factores, tais como o teor proteico e a estrutura química da fibra alimentar (FDT), bem como a associação entre moléculas, o tamanho das partículas e a porosidade da fibra (**Rosell *et al.*, 2001; Park e Baik, 2002; Milan *et al.*, 2015**). É de notar que o efeito dos ingredientes funcionais derivados de subprodutos industriais no tempo de desenvolvimento da massa (DDT), na dispersão da massa (DS) e no volume específico (SF) dos biscoitos de trigo varia consoante o subproduto industrial específico e a concentração a que é adicionado **(Larrea *et al.*, 2005a; Ajila *et al.*, 2008a; Wani *et al.*, 2015).**

Como foi explicitamente mencionado na secção anterior, as alterações no DDT e DS podem ser causadas pela composição do TDF dos subprodutos industriais. Esta relação surge devido à presença de componentes hidrofílicos nestes subprodutos, o que resulta num aumento do número de grupos hidroxilo disponíveis para interação com a água durante o processo de desenvolvimento da massa. Alternativamente, as alterações observadas também podem ser atribuídas à diluição do glúten. Estas afirmações foram apoiadas por vários estudos efectuados **por (Wang *et al.*, 2002; Sivam *et al.*, 2010; Majzoobi *et al.*, 2011; Ocen e Xu, 2013b; Tarek-Tilistyák *et al.*, 2014b).** Além disso, é importante reconhecer que as modificações no SF dependem do nível de tolerância exibido durante o processo de mistura. Além disso, vale a pena notar que a adição de bagaço de amendoim e bagaço de soja não produz qualquer impacto significativo nas propriedades reológicas, como observado num estudo realizado por **(Behera *et al.*, 2013)**

A investigação efectuada por **Martínez-Cervera *et al.* (2011)** (2011), demonstrou que a introdução de fibra de cacau na massa resultou num aumento da sua viscosidade, bem como numa elevação do valor de consistência (K). Estas alterações conduziram, consequentemente, a uma redução do índice de fluidez (n). Este resultado particular indica uma maior resistência ao fluxo dentro da massa, dando origem a uma estrutura mais intrincada e interligada. É de salientar que estas variações na viscosidade têm a capacidade de afetar tanto a capacidade de gestão da massa como a qualidade geral do produto final. Além disso, **Gómez e Martinez (2018)** observaram resultados comparáveis no seu próprio estudo. Especificamente, quando a celulose, o trigo e a fibra de aveia foram adicionados às massas, as massas resultantes exibiram valores mais elevados de G' e G'', que são indicadores de uma massa mais rígida com maior consistência e uma propensão reduzida para fluir.

2.6. Incorporação de casca de banana em produtos de panificação selecionados

Estudos anteriores utilizaram cascas de banana maduras e não maduras para melhorar as propriedades nutricionais e físico-químicas de uma variedade de produtos alimentares (por exemplo, produtos de panificação, massas, geleias e produtos à base de carne). Além disso, a casca de banana tem uma quantidade significativamente maior de cinzas, proteínas, gorduras, fibra bruta e dietética do que a polpa, o que permitiu a produção de alimentos com casca de banana com grandes funcionalidades **(Agama-Acevedo, Sañudo-Barajas *et al.*, 2016)**. Uma concentração elevada de casca de banana em fórmulas alimentares pode aumentar a potência fitoquímica e antioxidante. No entanto, pode resultar em produtos alimentares com fracas propriedades físico-químicas e inaceitabilidade sensorial. Assim, é necessário investigar as concentrações adequadas de casca de banana em vários produtos alimentares **(Zaini *et al.*, 2022)**.

O pão é um alimento básico consumido diariamente e, em muitos países, os consumidores dão grande importância à sua qualidade e aos seus atributos sensoriais. O pão é feito principalmente de farinha de trigo refinada; assim, contém pequenas quantidades de fibras, vitaminas e outros fitoquímicos que ajudam a prevenir várias doenças **(Capurso e Capurso, 2020)**. Como o pão é amplamente consumido nos mercados alimentares internacionais, a fortificação do pão com várias fibras alimentares e compostos funcionais para obter a vantagem do pão como portador de compostos promotores de saúde tornou-se uma tendência crescente de investigação **(Khoozani *et al.*, 2020)**.

Eshak (2016) relatou o efeito de duas concentrações diferentes de cascas de banana (5% e 10%) como substituto parcial da farinha de trigo nas propriedades físico-químicas e sensoriais do pão sírio egípcio baladi. Os resultados da composição química mostraram o aumento da proteína, da gordura e das cinzas no pão achatado baladi egípcio **(Eshak, 2016)**. Além disso, o teor de hidratos de carbono diminuiu de 74,93% no pão de controlo para 50,5% e 44,34% com a substituição da casca de banana a 5% e 10%, respetivamente. Alguns estudos demonstraram que a restrição de hidratos de carbono melhorou o controlo da glicose no sangue, a resistência à insulina e a obesidade (**Yancy** ***et al.*, 2005**).

O pão com baixo teor de hidratos de carbono pode ser benéfico para alguns doentes diabéticos na otimização da regulação da glicose no sangue ou para os doentes que preferem ingerir menos hidratos de carbono. Em relação à aceitação, no mesmo estudo, o pão achatado com casca de banana teve uma aceitação sensorial semelhante à do pão achatado de controlo, com apenas uma ligeira perda de aceitação na textura, aroma e cor.

Noutro estudo realizado por **Kurhade *et al.* (2015)**, foi avaliado o efeito do pó de casca de banana nos constituintes bioactivos e na qualidade microestrutural do chapatti. A massa de chapatti foi preparada com 5%, 10%, 15% e 20% de casca de banana numa base de farinha. Os chapatti incorporados com pó de casca de banana apresentaram um teor significativamente mais elevado de fenólicos totais e de flavonóides do que o controlo. Os chapatti incorporados com 20% de casca de banana apresentaram uma atividade de eliminação do radical DPPH até 68,3%. Além disso, os chapatti preparados a partir de massa adicionada com pó de casca de banana (5% e 10%) produziram chapatti macios **(Kurhade *et al.*, 2016)**.

Noutro estudo realizado por **Rehman *et al.* (2018)**, o xilitol foi produzido a partir de casca de banana e aplicado num biscoito. O xilitol é um álcool de açúcar com cinco carbonos produzido naturalmente a partir de plantas e materiais agrícolas. Tem um nível de doçura semelhante ao da sacarose, mas contém menos de 40% de calorias e menos de 75% de hidratos de carbono e é metabolizado e absorvido lentamente em comparação com a sacarose no corpo humano. Está provado que a casca de banana é uma boa fonte de produção de xilose. A xilose pode ser utilizada como substrato para a produção de xilitol através da hidrólise ácida da casca de banana. A desintoxicação do hidrolisado da casca por neutralização, tratamento com carvão e evaporação em vácuo melhorou o rendimento do xilitol. No mesmo estudo, foram preparadas cinco tostas formuladas a partir de farinha comercial com sacarose e xilitol na proporção de 100:0, 75:25, 50:50, 25:75 e 0:100. O presente estudo mostrou que o xilitol da casca de banana diminuiu a atividade da água da tosta, resultando numa elevada estabilidade do produto. A tosta com sacarose e xilitol no rácio de 25:75 e 0:100 obteve a pontuação de sabor mais elevada **(Rehman *et al.*, 2018)**.

3. MATERIAIS E MÉTODOS

3.1. Matérias-primas

As cascas de banana frescas (*Musa* sp.), que representavam 43% do peso total da banana, foram obtidas depois de descascadas, lavadas com água clorada (50 ppm), escorridas e secas numa estufa a 45 ± 2 °C durante 72 h. Em seguida, as cascas de banana secas (BP) foram moídas (Moulinex LM2421EG) e peneiradas através de peneiras de 200, 176, 118, 59 e 35 μm. Consequentemente, o pó peneirado foi embalado num saco de plástico re-selável e armazenado a 10°± 2°C até à sua utilização.

A farinha de trigo (Sonbolat Almamlaka - El Rehab Company), a sacarose, os ovos, o leite em pó seco magro, o melhorador e a gordura vegetal foram adquiridos num mercado local em Zagazig, no Egito. Todos os produtos químicos eram de grau analítico e foram adquiridos à Sigma Aldrich (escritório regional, Cairo, Egito).

3.2. Métodos

3.1.1. Separação do resíduo insolúvel em álcool das cascas de banana (AIR-BP)

As fracções insolúveis em álcool foram separadas das cascas de banana de acordo com o método descrito por **Latorre *et al.* (2010)** com ligeiras modificações. O pó da casca de banana de cada PS (100 g) foi inicialmente homogeneizado em 300 ml de etanol aquoso em ebulição (70% v/v) durante 30 minutos utilizando um misturador (Moulinex LM2421EG). A suspensão foi então submetida a uma centrifugação a 2500 rpm durante 5 min e o sobrenadante foi descartado. Após a recolha do resíduo, o passo anterior foi repetido 3 vezes até o filtrado ficar límpido. O resíduo foi então lavado com etanol a 95%, lavado com acetona e seco durante a noite com troca de solventes à temperatura ambiente. O AIR foi embalado num saco de plástico auto-vedante e armazenado a 10°± 2°C até análise posterior.

3.2.2. Conceção experimental e análise estatística

A RSM com desenho composto central (CCD) de 5 níveis codificados, 2 variáveis independentes e 11 execuções experimentais, incluindo três pontos centrais, foi utilizada para otimizar a formulação do pão experimental enriquecido com fibras, incluindo AIR-BP (X1, 3-20%) e os seus PSs (X2, 40-300 µm), utilizando Statgraphics Plus for Windows (versão.1Centurion XV, EUA). O desenho experimental é apresentado no **Quadro 1**.

As experiências foram ordenadas aleatoriamente para minimizar os efeitos da variabilidade imprevista causada por fontes externas. A relação entre as respostas e as variáveis independentes foi estudada utilizando uma equação polinomial de segunda ordem:

$$Y = b_0 + b\,X_{11} + b\,X_{22} + b_{11}\,(X)_1^2 + b\,X_{121}\,X_2 + b_{22}\,(X)_2^2$$

Onde, Y é o valor previsto da resposta, X_1 e X_2 são variáveis independentes.b_0 (constante); b_1 e b_2 (coeficientes lineares); b_{11} e b_{22} (coeficientes quadráticos); e b_{12} (coeficiente de interação)

O ajuste do modelo foi verificado pelo coeficiente de determinação (R^2) e pelo R^2 ajustado. A significância do modelo ($p < 0,05$) foi determinada pela análise de variância (ANOVA).

O coeficiente de correlação (*r*) foi calculado para determinar a correlação estatística entre as respostas em termos de uma correlação positiva (+1) ou negativa (-1). Os valores médios ± desvios-padrão dos resultados obtidos foram calculados no Excel 2010. A ANOVA de uma via com o teste de Duncan ($P<0,05$) foi utilizada para determinar as diferenças estatisticamente significativas entre os parâmetros.

3.2.3. Pão enriquecido com fibras

A massa experimental enriquecida com fibras foi meticulosamente preparada utilizando o método direto como descrito por **Boita *et al.* em (2016)**. Para atingir o valor de consistência desejado pelo Farinógrafo de 500 BU (Barbender Unit),-. Inicialmente, o açúcar e a levedura foram diligentemente dissolvidos em água quente, mantida com precisão a uma temperatura de 30°C. Posteriormente, foi adicionada a quantidade calculada de água necessária para atingir o valor de consistência especificado. Após este passo, os outros ingredientes secos, que englobam a farinha de trigo, o AIR-BP e o sal, foram meticulosamente incorporados na mistura. É de referir que, antes da sua adição, a manteiga foi diligentemente derretida e posteriormente misturada na composição. Esta amálgama foi efectuada com o auxílio de uma batedeira em espiral, em que a mistura foi sujeita a três minutos de mistura suave a baixa velocidade, seguidos de seis minutos de mistura vigorosa a alta velocidade. A massa foi então levada à prova (37°C e 85% de humidade relativa) até duplicar de tamanho durante cerca de 2 h. Subsequentemente, a massa foi virada para uma superfície enfarinhada e dividida em porções de 100 g e levada à prova nas mesmas condições durante 30 min. As massas foram então moldadas numa forma retangular, colocadas num molde de cozedura e deixadas a repousar durante 10 minutos. O processo de cozedura foi efectuado a uma temperatura de 230°C/20 min. As amostras de pão foram arrefecidas à temperatura ambiente antes da avaliação da qualidade do pão.

Tabela (1): Valores do projeto experimental para o pão experimental enriquecido com fibras com diferentes combinações de AIR-BP (X1) e PS (X2)

Experiments	Independent variables Coded/real values	
	X_1, AIR-BP (g/100g wheat flour)	X_2, PS•• (μm)
E-1(Central point)	0 (12)	0 (170)
E-2(Central point)	0 (12)	0 (170)
E-3	+1 (18)	-1 (78)
E-4	-1.41 (3)	0 (170)
E-5	+1 (18)	+1 (262)
E-6	-1 (6)	+1 (262)
E-7	0 (12)	+1.41 (300)
E-8(Central point)	0 (12)	0 (170)
E-9	-1 (6)	-1 (78)
E-10	0 (12)	-1.41 (40)
E-11	+1.41 (20)	0 (170)
Control	100	-----

• AIR-BP: alcohol insoluble residue isolated from banana peel by-product (g/100g wheat flour)

•• PS: particle size (μm)

3.2.4. Propriedades funcionais

3.2.4.1. Densidades

Densidade aparente (ρ_{bulk}) 20 g de pó de AIR-BP em PSs específicos foram cuidadosamente colocados numa proveta graduada de 100 ml. O volume medido lido diretamente na proveta foi utilizado para calcular a densidade aparente de acordo com a relação massa/volume. **Densidade de batida** (ρ_{tapped}) o cilindro foi batido 120 vezes e o volume da amostra foi lido **(Louka *et al.*, 2004)**.

3.2.4.2. Valores de fluidez e de coesão

Os valores de fluidez e coesividade do pó AIR-BP em PSs específicos foram avaliados utilizando o índice de Carr (CI) e o rácio de Hausner (HR), respetivamente. Tanto o IC como o HR foram determinados de acordo com a metodologia descrita por **Louka *et al.* (2004)**. Os pós foram categorizados em diferentes grupos coesivos com base nos seus valores de HR: aqueles com valores de HR inferiores a 1,2 foram classificados como o grupo de baixa coesividade, os valores de HR entre 1,2 e 1,4 foram considerados como o grupo de coesividade intermédia e os valores de HR superiores a 1,4 foram identificados como o grupo de alta coesividade. Além disso, a fluidez dos pós foi avaliada com base nos seus valores de IC: os pós com valores de IC inferiores a 15 foram classificados como muito bons, os valores de IC entre 15 e 20 foram categorizados como bons, os valores de IC entre 20 e 35 foram classificados como razoáveis, os valores de IC entre 35 e 45 foram considerados maus e os valores de IC superiores a 45 foram identificados como muito maus.

3.2.4.3. Cor

Os atributos de cor Hunter Lightness (L^*), redness (a^*), yellowness (b^*), matiz e valores de croma foram registados utilizando o software Spectramagic versão V.3.61G (Minolta Co., Ltd CyberChrome, Inc.). L^* define a luminosidade (0° = preto, 100° = branco), a^* denota o valor vermelho/verde (+ valor = vermelhidão, - valor = verdura) e b^* o valor amarelo/azul (+ valor = amarelecimento, - valor = azul). A diferença total de cor foi calculada a partir da seguinte equação:

$$\Delta E = \sqrt{(\Delta L *)^2 + (\Delta a *)^2 + (\Delta b *)^2}$$

3.2.4.4. Capacidade de hidratação

Capacidade de retenção de água (WHC), a WHC foi medida de acordo com **(Chau e Huang, 2003)**com ligeiras modificações. 1 g de amostra seca foi misturado com 20 ml de água destilada em tubos de centrifugação de 50 ml à temperatura ambiente (20°C) durante 1 hora e depois centrifugado a 2500 rpm/10 min. O sobrenadante foi decantado e a WHC foi calculada como ml de água /g de peso da amostra seca. Índice de capacidade de inchamento (SC), o SC De acordo com o método descrito por **Hassan** ***et al.*** **(2011)**200 mg de amostra foram pesados com precisão e transferidos para uma proveta calibrada. Em seguida, adicionou-se água destilada (10 ml) à proveta. Após agitação, a mistura foi incubada durante 18 h à temperatura ambiente. O volume embalado foi então registado, e o inchaço foi calculado como ml por g de amostra. **Índice de Solubilidade em Água (WSI)** A solubilidade foi medida em conjunto com a WHC, como % de perda no peso seco da amostra original após a recuperação do material insolúvel utilizado para determinar a

WHC. Foram determinados os sólidos solúveis numa alíquota de 1 ml do sobrenadante. A solubilidade foi calculada como % do peso seco da amostra original **(Femenia *et al.*, 1997)**.

3.2.4.5. Capacidade de retenção de óleo (OHC)

O óleo de milho (20 ml) foi transferido para um recipiente que contém 1 g de amostra seca. A mistura foi agitada e deixada à temperatura ambiente durante 1 h. Após centrifugação a 2500 g durante 10 min, o sedimento foi pesado. As CCE foram determinadas como ml de óleo por gm de peso de amostra seca.

3.2.5. Caraterísticas reológicas

3.2.5.1. Propriedades do farinógrafo

O farinógrafo (Brabender, Duisburg, Alemanha) foi utilizado para estudar o perfil de mistura das massas experimentais enriquecidas com fibras em função dos factores experimentais (porção de AIR-BP e respetivo PS). Os parâmetros seguintes foram retirados dos farinogramas: Absorção de água (WA.,%), Tempo de desenvolvimento da massa (DDT., min), Estabilidade da massa (DS., min) e Enfraquecimento da massa (DW., B.U).

3.2.5.2. Medição do extensógrafo

As propriedades dos testes de extensão da massa, incluindo a energia (cm^2), a extensibilidade (mm), o número de rácio (BU) e o valor da resistência à extensão (R/E, BU) num tempo de prova de 45 min, foram avaliadas utilizando um extensógrafo Brabender (Brabender, Duisburg, Alemanha) **(Ram, et al., 2005)**.

3.2.5.3. Colar propriedades

De acordo com **Ng** ***et al.*****, (2017)**, a amostra de pó (cerca de 3 g) e 25 mL de água destilada foram colocados num copo de alumínio e, em seguida, a suspensão foi colocada no Analisador Rápido de Viscosidade (RVA4500, Perten, Suécia). Os procedimentos operacionais foram definidos de acordo com o procedimento padrão 1 (GB/T 24.853-2010).

3.2.5.4. Propriedades térmicas

As caraterísticas térmicas foram medidas utilizando o calorímetro diferencial de varrimento (DSC) (DSC 3, Mettler-Toledo, Greifensee, Suíça) com referência a **Chávez-Murillo** ***et al.*** **(2018)**. A amostra (3 mg) foi pesada no cadinho e adicionada com água destilada (amostra: água = 1:3, w/w). A amostra preparada foi equilibrada durante a noite a 4°C e a temperatura foi aumentada de 30 °C para 95 °C a uma taxa de 5 °C /min.

3.2.6. Composição proximal

Os teores de humidade, proteína, gordura e cinzas foram determinados de acordo com os métodos propostos pela Association of Official Analytical Chemists **(AOAC, 2012)**. Fibra alimentar total (FDT). A FDT foi analisada em termos de fibra alimentar solúvel (FDS) e fibra alimentar insolúvel (FDI) por métodos enzimáticos e gravimétricos, descritos por **McCleary** ***et al.*** **(2012)**. Um hidrato de carbono disponível (CA) foi obtido pela diferença da seguinte forma:

CA (g/100g) =100-(humidade + cinzas + gordura + proteínas + FDT)

3.2.7. Propriedades físicas e tecnológicas do pão enriquecido com fibras preparado

Os pesos dos pães foram registados por uma balança digital com precisão de duas casas decimais. Para determinar o volume do pão, utilizou-se a técnica do deslocamento da colza, tal como descrita na **AACC (2000)**. O volume do pão de forma dividido pelo peso do pão de forma foi utilizado para determinar o volume específico do pão.

A perda na cozedura é medida como a diferença entre o peso da massa antes e depois da cozedura (perda na cozedura). O diâmetro e a espessura foram medidos com um calibre digital (em mm) após 2 horas de cozedura e o rácio de espalhamento (D/T) foi estimado de acordo com **Bhat e Hafiza (2016)**.

A dureza dos pães foi efectuada após 1 h de cozedura utilizando o CT3 Food Texture Analyzer, em que a taxa de pré-teste foi de 1,0 mm/s, a taxa de centro lateral foi de 3,0 mm/s, a taxa de centro lateral foi de 3,0 mm/s, a força de disparo foi de 5 g, a variável de pressão descendente foi de 50% e o tempo de intervalo foi de 5 s. Cada amostra foi repetida 5 vezes **(Chen *et al.*, 2019)**.

3.2.8. Avaliação sensorial

A avaliação sensorial foi efectuada em amostras de pão com as diferentes percentagens de AIR-BP em diferentes PS. Posteriormente, as amostras foram codificadas com um número e servidas a consumidores não treinados. Os atributos reconhecidos pelo painel sensorial como descrevendo as propriedades sensoriais dos produtos foram: cor, aroma, textura e sabor. O painel era composto por 25 consumidores (22-50 anos; 10 mulheres e 15 homens), que avaliaram a aceitabilidade global dos produtos. Este teste hedónico foi utilizado para determinar o grau de agrado global dos diferentes tipos de pão enriquecido com fibras, com base no grau de agrado ou desagrado de acordo com uma escala hedónica de nove pontos (1: não gosto extremamente, 5: não gosto nem desgosto, 9: gosto extremamente). Foi utilizada água pura para enxaguar a boca antes e depois de cada teste de amostra **(Jeng *et al.*, 2020)**.

4. RESULTADOS E DISCUSSÃO

4.1 Avaliação nutricional e físico-funcional dos sólidos insolúveis em álcool isolados da casca da banana (AIR-BP) em diferentes tamanhos de partículas (PS)

4.1.1 Valor nutricional

Com a ênfase cada vez maior colocada na compreensão do significado dos hidratos de carbono complexos na dieta humana, o significado do material conhecido como AR assume um aspeto adicional que merece ser explorado. Isto deve-se ao facto de o AR constituir a maior parte da composição dos hidratos de carbono complexos presentes em vários frutos e legumes. A fim de esclarecer melhor esta questão, foi efectuado o presente estudo, que produziu resultados intrigantes relativamente ao isolamento de AIR-BP da casca de banana. A quantidade de AIR-BP obtida neste estudo foi determinada em 57,35 g por 100 g, o que, quando comparado com o rendimento de AIR preparado a partir da casca de *C. sinensis L. Cv. Liucheng* (51,50 g/100g db), conforme relatado por **Chau *et al.* (2004)**(2004), foi encontrado para ser maior. No entanto, esta quantidade foi inferior à observada para o AIR preparado a partir de resíduos de processamento de tomate (85,59 g/100g db), conforme relatado por **Namir *et al.* (2015)**e também inferior à quantidade de AIR preparada a partir de casca de pera de cato (69,47 g/100g db), conforme relatado por **Namir *et al.* (2017)**. Através da análise destes resultados, é possível obter uma compreensão mais profunda das relações intrincadas entre os hidratos de carbono complexos e a AIR.

Em relação à composição nutricional comparativa do AIR-BP no PS experimental, bem como da farinha de trigo, é evidente que há um aumento notável no teor de gordura do AIR-BP (2,05-2,18 g/100g) quando comparado com a farinha de trigo (1,57 g/100g). Entretanto, observou-se uma diminuição do teor proteico da AIR-BP (4,12-4,51 g/100g) quando comparada com a farinha de trigo (10,26 g/100g) (Quadro 2).

Embora se observe um aumento marginal dos teores de proteína e gordura quando se aumenta o tamanho das partículas, este fenómeno pode ser atribuído à influência significativa exercida pela ultra-estrutura fibrosa presente nas partículas de maior tamanho, que contribui ativamente para a preservação dos biocomponentes relevantes neste contexto.

O teor proteico do AIR-BP é superior ao da casca de manga (1,56 g/100g) **(Noor Aziah *et al.*, 2011)**e do subproduto da casca de laranja (0,43 g/100g) **(Ocen e Xu, 2013a)** mas inferior ao do subproduto de melão (15,22 g/100g) **(Namir *et al.*, 2021)** (Quadro 2).

O teor de gordura do AIR-BP é mais elevado do que o da casca de romã (0,4 g/100g) **(Ismail *et al.*, 2013)** e do subproduto da casca de batata (0,42-0,54 g/100g) **(Namir *et al.*, 2022)** mas inferior ao do subproduto da transformação do tomate (15,83 g/100g) **(Namir *et al.*, 2015b)** e do subproduto de melão (9,65 g/100g) **(Namir *et al.*, 2021).**

Em contraste, os resultados mostraram um aumento significativo no teor de cinzas para o AIR-BP no PS experimental em comparação com a farinha de trigo (Tabela 2). Embora tenha havido ligeiras diferenças entre os PSs experimentais de AIR-BP O teor de cinzas do AIR-BP (6,04-6,91 g/100g) é superior ao da casca de manga (2,5 g/100g) **(Noor Aziah *et al.*, 2011)**, casca de ananás (3,18 g/100g) **(Wu e Shiau, 2015)**, casca de romã (2,7 g/100g) **(Ismail *et al.*, 2014)**, e subproduto do processamento de tomate (3,10 g/100g) **(Namir *et al.*, 2015b)** mas inferior ao do subproduto de melão (7,33 g/100g) **(Namir *et al.*, 2021)**.

Tabela (2): Composição química aproximada e propriedades funcionais do AIR-BP e da farinha de trigo (base de peso seco)

Parameters (g/100g)	Wheat flour	AIR-BP PS (μm)				
		40	78	170	262	300
Moisture	11.19 ± 0.24^{a}	8.32 ± 0.11^{f}	8.48 ± 0.66^{e}	8.69 ± 0.25^{d}	8.88 ± 0.46^{c}	8.96 ± 0.03^{b}
Fat	1.57 ± 0.36^{f}	2.13 ± 0.51^{d}	2.14 ± 0.24^{c}	2.05 ± 0.53^{e}	2.18 ± 0.64^{a}	2.16 ± 0.41^{b}
Protein	10.26 ± 0.76^{a}	4.32 ± 0.57^{d}	4.12 ± 0.94^{e}	4.34 ± 0.22^{d}	4.61 ± 0.36^{b}	4.51 ± 0.14^{c}
Ash	0.53 ± 0.06^{f}	6.43 ± 0.46^{b}	6.04 ± 0.03^{e}	6.12 ± 0.34^{d}	6.36 ± 0.21^{c}	6.91 ± 0.51^{a}
SC*	85.33 ± 0.25^{a}	9.88 ± 0.64^{b}	9.14 ± 0.41^{c}	8.37 ± 0.76^{d}	7.39 ± 0.94^{e}	6.80 ± 0.56^{f}
TDF **	2.31 ± 0.34^{f}	77.24 ± 0.36^{e}	78.56 ± 0.11^{d}	79.12 ± 1.27^{c}	79.46 ± 0.03^{b}	79.62 ± 0.43^{a}
IDF	1.34 ± 0.71^{f}	47.24 ± 0.21^{e}	52.17 ± 0.55^{d}	53.37 ± 1.55^{c}	55.34 ± 1.41^{b}	55.78 ± 1.38^{a}
SDF	0.97 ± 0.08^{f}	30.00 ± 1.95^{a}	26.39 ± 0.98^{b}	25.75 ± 1.34^{c}	24.12 ± 1.34^{d}	23.84 ± 0.99^{e}

* SC: soluble carbohydrates

** TDF: total dietary fiber, IDF: insoluble dietary fiber, SDF: soluble dietary fiber

Values are expressed as mean ± SD of three replicates

Means within a row with different superscript letters are significantly different at level of $P< 0.05$

O método de extração utilizado para preparar o AIR-BP, bem como a redução do PS, mostrou diferenças notáveis na composição química, especialmente em termos do teor de TDF (Quadro 2). O teor de TDF representou a maior parte da matriz (77,24-79,62%) em comparação com a farinha de trigo (2,31%). Este teor é superior ao de algumas outras preparações de FD a partir de casca de melão (57,72%), casca de goiaba (51,52%) e casca de cenoura (28,80%) (**Martínez *et al.*, 2012**). O teor total de fibra alimentar superior a 70 g/100g apresenta o AIR-BP como uma fonte de fibra alimentar em aplicações alimentares que requerem um elevado teor de fibra alimentar com baixa energia. Observa-se que, com a diminuição do PS de 300 para 40 µm, o teor total de fibra alimentar diminuiu de 79,62 para 77,24 g/100g, respetivamente (Tabela 2). A razão para este fenómeno é atribuída ao processo de moagem e redução do PS, que provoca uma reorganização dos constituintes da FDI, a fração primária da FDT. A diminuição do PS leva a um aumento do teor de hemicelulose, ao mesmo tempo que resulta numa diminuição do teor de celulose, lenhina e pectina. Essa mudança pode ser atribuída ao impacto da redução de PS, que inicia a separação das ligações químicas intermoleculares entre a hemicelulose e a lignina. Além disso, facilita a desintegração e dissolução das partículas de celulose, lenhina e pectina em unidades mais pequenas com pesos moleculares mais baixos, desencadeando assim uma redistribuição dos componentes polissacáridos de um estado insolúvel para uma forma solúvel.

Isto é confirmado pelos resultados apresentados na Tabela (2), onde o IDF diminuiu de 55,78 para 47,24 g/100g, com o PS reduzido de 300 para 40 μm. Por outro lado, a fração solúvel aumentou de 23,84 para 30,00 g/100g quando o PS diminuiu de 300 para 40 μm.

O ato de consumir fibra alimentar insolúvel, vulgarmente designada por FDI, provoca uma sensação de saciedade no indivíduo. Isto deve-se à notável capacidade da FDI para absorver água e, subsequentemente, expandir o tamanho da massa alimentar, também conhecida como bolus, dentro do sistema digestivo. Além disso, a evidência científica demonstrou que a ingestão de FDI leva a um aumento do volume e do peso do bolo fecal. Como resultado, todo o sistema digestivo funciona de forma mais eficiente e eficaz. Estes efeitos vantajosos do consumo de IDF desempenham um papel fundamental na prevenção e no alívio de perturbações gastrointestinais comuns, como a obstipação. Este facto foi exaustivamente documentado por **López-Marcos *et al.* (2015)**.

4.1.2 Propriedades físicas e funcionais

Numerosas investigações forneceram provas de que o tamanho das partículas de fibra alimentar é um fator extremamente significativo que tem um impacto profundo nas propriedades físico-químicas e funcionais da fibra. Esta influência decorre das alterações que ocorrem na estrutura, porosidade e área de superfície da fibra como resultado de mudanças no tamanho das partículas. A fibra alimentar de cominho com um tamanho de partícula superior a 125 μm apresentou propriedades funcionais superiores quando comparada com tamanhos de partícula mais pequenos. Além disso, o tamanho das partículas da fibra dietética do bolo de coco diminuiu de 250 para 167 µm, houve um aumento notável na capacidade de retenção de água da fibra, capacidade de inchaço e capacidade emulsificante. No entanto, é importante notar que a tendência oposta foi observada para outras propriedades, como o índice de retardamento da diálise da glicose, capacidade de retenção de óleo, atividade de inibição da α-amilase e estabilidade da emulsão, que mostraram um declínio com a diminuição do tamanho da partícula **(Ma e Mu, 2016; Zheng e Li, 2018)**.

As propriedades físico-químicas da AIR-BP e da farinha de trigo podem ser observadas no Quadro 3, que fornece uma visão global das suas caraterísticas. As diferenças nas propriedades físico-químicas da AIR-BP, especificamente a capacidade de retenção de água (WHC) e a capacidade de retenção de óleo (OHC), dependem de vários factores, incluindo a proporção de fibra alimentar insolúvel (IDF) para fibra alimentar solúvel (SDF), o tamanho das partículas (PS), as técnicas de extração e a presença de grupos funcionais hidrofílicos. Além disso, a área de superfície e as caraterísticas estruturais do AIR-BP também contribuem para as suas propriedades físico-químicas globais.

A medição das propriedades de hidratação do AIR-BP foi efectuada através da avaliação da sua capacidade de retenção de água (WHC) e da sua capacidade de inchamento (SC) em relação aos tamanhos de partículas correspondentes, conforme descrito na Tabela 3. A capacidade de retenção de água (WHC) é especificamente definida como a quantidade de água que pode ser retida por um grama de fibra seca sob condições especificamente definidas. Por outro lado, a capacidade de inchamento (SC) é caracterizada como o volume ocupado por um determinado peso de amostras em condições pré-determinadas. Um exame mais aprofundado revela que estas propriedades podem ser melhor compreendidas se se aprofundar nas suas caraterísticas e comportamento subjacentes. A surpreendente capacidade do AIR-BP para reter humidade em relação ao seu tamanho de partícula (PS) tornou-se cada vez mais evidente. As provas indicam claramente que, à medida que o tamanho das partículas aumentava de 40 para 300 µm, a capacidade de retenção de água (WHC) da AIR-BP apresentava um aumento significativo e digno de nota (P<0,05). Esse aumento foi aproximadamente 31-36% maior do que o da BP, como pode ser observado nos dados apresentados na Tabela 3.

AIR-BP exibindo WHC mais elevado (5,69-5,91 ml/gm), do que o do bagaço de romã (4,50 ml/gm) **(Viuda-Martos *et al.*, 2012),** bagaço de uva (2,17 ml/gm) (**Khodaei *et al.*, 2020**) e bagaço de tomate (4,12 ml/gm) (**Namir *et al.*, 2015b**).

Além disso, observou-se que o AIR-BP também apresentava uma notável capacidade de dilatação (SC) em comparação com o BP (P<0,05). À medida que o tamanho das partículas aumentava de 40 para 300 µm, a capacidade de dilatação do AIR-BP era aproximadamente 11-20% superior à do BP, conforme descrito na Tabela 3.

A razão para os menores valores de WHC e SW observados no AIR-BP com menor tamanho de partícula (PS) pode ser explicada pela deterioração das cadeias de polissacarídeos, levando a um aumento na proporção de fibras solúveis. Estas fibras solúveis são posteriormente eliminadas através do excesso de água que é removido durante o processo de determinação da WHC por meio de centrifugação. Este fenómeno é também observado nas propriedades funcionais da farinha de banana verde e da farinha de castanha, bem como na sêmea de trigo e na fibra de coco, em que a resposta ao tamanho das partículas é semelhante **(Raghavendra *et al.*, 2006; Ahmed e Thomas, 2015).**

Além disso, a AIR-BP caracterizou-se por baixas CCE nos PSs experimentais, que diminuíram significativamente com a diminuição dos PSs, mas, em geral, os valores das CCE para a AIR-BP, que exibem 1,50-1,82 ml/g, foram superiores aos da farinha BP (1,06 ml/g) (Quadro 3).

Tabela (3): Propriedades físicas e funcionais de AIR-BP vs BP em diferentes PS

Parameters	BP*	AIR-BP				
		PS (μm)				
		40	78	170	262	300
SC (ml/g)	5.52±0.30^{f}	6.13±0.02^{e}	6.31±0.20^{d}	6.43±0.23^{c}	6.63±0.14^{b}	6.65±0.24^{a}
WHC (ml/g)	4.36±0.28^{f}	5.69±0.08^{e}	5.71±0.44^{d}	5.73±0.45^{c}	5.85±0.05^{b}	5.91±0.54^{a}
OHC (ml/g)	1.06±0.05^{f}	1.50±0.21^{e}	1.53±0.06^{d}	1.71±0.48^{c}	1.74±0.53^{b}	1.82±0.05^{a}
*L**	29.43±0.66^{f}	58.73±0.87^{a}	55.98±0.34^{b}	50.04±0.56^{c}	46.50±0.20^{d}	45.18±0.05^{e}
*a**	9.25±0.84^{b}	6.21±0.37^{f}	7.26±0.21^{e}	7.44±0.37^{d}	8.31±0.05^{c}	9.45±0.32^{a}
*b**	22.44±0.49^{f}	52.22±0.67^{a}	48.94±0.59^{b}	44.17±0.59^{c}	40.81±0.93^{d}	38.14±1.02^{e}
Bulk density (kg/cm^3)	0.505±0.05^{a}	0.355±0.07^{b}	0.342±0.03^{c}	0.341±0.03^{c}	0.331±0.06^{d}	0.328±0.04^{e}
Tapped density (kg/cm^3)	0.55±0.01^{a}	0.413±0.03^{b}	0.408±0.05^{c}	0.406±0.00^{c}	0.402±0.07^{d}	0.403±0.00^{d}
Carr index (flowability) %	8.16±0.32^{e}	13.88±0.34^{d}	16.03±0.2^{c}	15.99±0.23^{c}	17.65±0.31^{b}	18.62±0.67^{a}
Cohesivity index (Hausner ratio)	1.09±0.07^{e}	1.16±0.26^{d}	1.19±0.34^{c}	1.19±0.44^{c}	1.21±0.05^{b}	1.23±0.00^{a}

WHC: Water holding capacity, SW: Swelling capacity, WSI: Water solubility index and OHC: Oil holding capacity dietary

Values are expressed as mean ± SD of three replicates

Means within a row with different superscript letters are significantly different at level of $P < 0.05$

O valor de CCE foi mais elevado do que o da farinha de amaranto (1,04 ml/gm) **(Heleno *et al.*, 2015)** próximo do obtido para o bagaço de uva (1,42 ml/gm) (**Khodaei *et al.*, 2020**), mas foi inferior ao do bagaço de tomate (2,92 ml/gm) (**Namir *et al.*, 2015a**), e da romã (5,9 ml/gm) **(Ismail *et al.*, 2014)** bagaço de melão (4,01 ml/gm)**(Namir *et al.*, 2021)**.

Os resultados apresentados na Tabela (3) e na Fig. (5) mostram um aumento notável (com uma diferença estatisticamente significativa a P<0,05) nos níveis de luminosidade e de amarelecimento na amostra AIR-BP em comparação com a amostra BP, com magnitudes que atingem aproximadamente 1,5-2 e 1,7-2,3 vezes mais, respetivamente, quando o tamanho da partícula (PS) é reduzido de 300 para 40 µm. Por outro lado, observa-se uma redução evidente nos valores de vermelhidão, com uma diminuição que varia de aproximadamente 1,02-0,67 vezes para a gama de PS acima mencionada.

Foram investigadas a densidade aparente e a densidade de vazamento do AIR-BP e do BP em vários PS, conforme indicado na Tabela 3. Os resultados deste estudo revelaram um declínio notável (P<0,05) na densidade aparente do AIR-BP quando comparado com o BP, com uma redução de aproximadamente 35-30% observada em correlação com o declínio na gama de PS de 300-40 µm, respetivamente, como evidenciado pelos dados apresentados na Tabela 4 e na Figura 6. Esta diminuição da densidade aparente pode ser atribuída ao facto de o PB ser constituído predominantemente por constituintes de elevada densidade, tais como proteínas e gordura, ao contrário do AIR-BP, que contém fibra alimentar como componente predominante.

Os resultados do estudo revelaram que houve um aumento significativo ($P<0,05$) na densidade aparente do AIR-BP à medida que o tamanho das partículas (PS) diminuía. Especificamente, a densidade aparente exibiu uma tendência ascendente, aumentando de 328,12 a um PS de 300 μm para 355,46 a um PS de 40 μm (Tabela 3). Este padrão específico tinha sido previamente elucidado por **(Brito *et al.*, 2021)** que defendia que as partículas mais pequenas possuíam maior densidade devido a uma maior aderência das partículas resultante do processo de desidratação.

A densidade com rosca refere-se ao aumento da densidade aparente obtida após a aplicação de uma rosca mecânica a um recipiente que contém a amostra de pó. Consequentemente, a densidade aparente apresenta um padrão semelhante ao da densidade aparente. Os resultados demonstram uma redução nos valores da densidade aparente para o AIR-BP, que são aproximadamente 73-75% mais elevados em comparação com os do BP para um tamanho de partícula (PS) que varia de 40 a 300μm, respetivamente (Tabela 3). Os resultados também revelam uma escalada notável na densidade de batida para o AIR-BP, à medida que o PS diminui de 300 para 40μm, com valores variando de 403,21 a 412,77, como pode ser observado a partir dos dados apresentados na (Tabela 3).

A medição da caraterística de fluxo livre de um pó, conhecida como fluidez, tem uma importância significativa tanto para o fabricante como para o utilizador final em vários aspectos, tais como embalagem, manuseamento, medição, transporte, enchimento e esvaziamento de sacos, armazenamento, fins de dosagem e seleção de parâmetros para mistura e condicionamento. Assim, torna-se crucial avaliar as propriedades de fluidez e coesividade do AIR-BP em comparação com os pós BP utilizando o Índice de Carr e o rácio de Hausner. A avaliação da fluidez do pó com base no Índice de Carr (IC) fornece um sistema de classificação que distingue entre fluidez muito boa (<15), fluidez boa (15-20), fluidez razoável (20-35), fluidez má (35-45) e fluidez muito má (>45) **(Carr Jr, 1965)**. Além disso, a avaliação da coesividade do pó utilizando o rácio de Hausner (HR) permite a sua categorização como baixa coesividade (<1,2), coesividade intermédia (1,2-1,4) e alta coesividade (>1,4) **(Hausner, 1967)** (Tabela 3).

Os resultados, que foram apresentados na Tabela 3, demonstraram que o Índice de Carr do AIR-BP apresenta valores de 13,88, 16,03, 15,99, 17,65 e 18,62 (indicando uma boa fluidez) para partículas de PS de 40, 78, 170, 262 e 300 μm, respetivamente.

Em relação à razão de hausner, observa-se que o pó AIR-BP com tamanho de partícula (PS) de 300 e 262μm apresentou caraterísticas de coesão intermediária, que diminuiu gradativamente à medida que o PS diminuiu de 170 para 40 μm (Tabela 3). Esta diminuição da coesão foi evidente nos valores que vão de 1,19 a 116, o que significa uma transição para um comportamento de baixa coesão. Estes resultados foram documentados na Tabela 3. Pesquisas anteriores relataram que o teor de humidade dos pós, particularmente aqueles com PS menores, teve um impacto notável na coesão entre as partículas de pó. Especificamente, verificou-se que um aumento do teor de humidade aumentava as forças de coesão entre as partículas, resultando assim numa diminuição da coesão global. As implicações deste fenómeno foram demonstradas através de valores de coesão mais baixos. Este estudo, realizado por **Ji *et al.* (2016)**, lança luz sobre a relação entre o teor de humidade e a coesão das partículas, oferecendo informações valiosas sobre o comportamento dos pós **(Ji *et al.*, 2016)**.

4.2 Efeito do AIR-BP em diferentes tamanhos de partículas nas propriedades reológicas e térmicas das farinhas experimentais formuladas

4.2.1 Caraterísticas do Farinógrafo

O Farinógrafo é uma ferramenta utilizada na análise das caraterísticas da farinha de trigo e da massa durante a mistura **(Bartell *et al.*, 2022)**. É amplamente utilizado na indústria da farinha e da panificação para avaliar a absorção de água e determinar as propriedades da massa **(Deng e Hou, 2022)**. O Farinógrafo mede parâmetros como o tempo de desenvolvimento da massa, a tolerância à mistura e a absorção de água **(Wrigley *et al.*, 2022)**. Tem sido utilizado em várias aplicações, incluindo a análise do grão de trigo antes da moagem, a análise da farinha na moagem e a análise do produto de farinha após a moagem **(Helmick e Kokini, 2020)**. O Farinógrafo também foi modificado para melhorar o tempo de teste e a repetibilidade para farinha de trigo integral **(Tamba-Berehoiu *et al.*, 2018)**. Além disso, o Farinógrafo foi correlacionado com outros parâmetros, como teor de proteína, teor de glúten e parâmetros alveográficos para avaliar a qualidade da farinha de trigo. Em geral, o Farinógrafo é uma ferramenta essencial na indústria de moagem de trigo para controlo de qualidade e otimização de processos.

A análise de variância mostrou que a absorção de água da massa experimental aumentou significativamente ($P<0,05$) com o aumento da porção de AIR-BP e do seu PS, variando de 63,22 a 67,78%. A maior absorção de água foi encontrada na massa com 20% de AIR-BP e PS de 170 µm, sendo (67,78%) contra a massa de controlo (58,45%) (Tabela 4 e Fig. 1A).

A explicação para este resultado pode ser atribuída ao teor significativamente elevado de fibra alimentar no AIR-BP, particularmente quando se considera o seu tamanho de partícula, uma vez que foi observado um número substancial de grupos hidroxilo. Estes grupos hidroxilo têm a capacidade de interagir com a água através de ligações de hidrogénio, competindo assim com o amido e o glúten. Em última análise, esta interação resulta num aumento da capacidade de absorção de água (WA). Esta constatação está de acordo com um estudo efectuado por **Bolek (2020)**que constatou que a incorporação de pó de caroço de azeitona na massa conduziu a um aumento da sua capacidade de absorção de água. **Para além disso, Namir *et al.* (2015)** também descobriram que a absorção de água da massa aumentava à medida que o nível de substituição da fração de fibra de resíduos de tomate aumentava. Além disso, **Ocen e Xu (2013a)** observaram que a adição de subproduto de laranja à farinha de trigo, especificamente nos níveis de 1, 2, 3 e 5, resultou numa elevação da capacidade de absorção de água da massa. Do mesmo modo, **Anil (2012)** referiu que a inclusão de farelo de trigo nos níveis de 10, 15 e 20 levou a um aumento da capacidade de absorção de água da massa de farinha de trigo.

O modelo de regressão empírico da avaliação do WA versus AIR-BP e PS foi apresentado na seguinte equação

$$WA\ (\%) = 61{,}464 + 0{,}255\ X_1 + 0{,}007\ X_2 + X_1^2 - X_1\ X_2 - X_2^2\quad R^2 = 96{,}88\%$$

Foi observada uma tendência semelhante para o tempo de desenvolvimento da massa (DDT), em que a análise da variância mostrou que, à medida que o nível de adição de AIR-BP e PS aumentava, o DDT aumentava ($P<0{,}05$). Observou-se um aumento significativo do DDT para a massa experimental superior ao da massa de controlo (Quadro 4 e Fig. 1B). O DDT para a massa experimental variou entre 2,00 e 4,00 min, em comparação com o controlo (1,00 min). O maior DDT (4,00 min) foi observado para a fórmula contendo 20% de AIR-BP e PS de 170 μm (Tabela 4 e Fig. 1B).

Tabela (4): Parâmetros farinográficos da massa experimental formulada com AIR-BP

Parameters	Control	X1=12 g/100g WF & X2=170µm	X1=18 g/100g WF & X2=78µm	X1=3 g/100g WF & X2=170µm	X1=18 g/100g WF & X2=262µm	X1=6 g/100g WF & X2=262µm	X1=12 g/100g WF & X2=300µm	X1=6 g/100g WF & X2=78µm	X1=12 g/100g WF & X2=40µm	X1=20 g/100g WF & X2=170µm
WA (%)	58.45±0.01^{i}	65.36±0.10^{e}	66.14±0.25^{c}	63.22±0.08^{h}	66.88±0.04^{b}	64.58±0.09^{g}	65.83±0.09^{d}	63.37±0.01^{h}	65.16±0.04^{f}	67.78±0.16^{a}
DDT (min)	1.00±0.00^{f}	2.00±0.01^{e}	3.00±0.07^{c}	2.00±0.05^{e}	3.50±0.09^{b}	2.00±0.07^{e}	2.50±0.02^{d}	2.00±0.02^{e}	2.00±0.07^{e}	4.00±0.01^{a}
DST (min)	10.50±0.07^{a}	4.50±0.03^{f}	3.00±0.05^{h}	7.00±0.02^{b}	2.50±0.00^{i}	6.00±0.04^{d}	4.00±0.00^{g}	6.50±0.00^{c}	5.50±0.08^{e}	2.00±0.12^{j}
DW (B.U)	50.00±0.03^{i}	80.00±0.00^{e}	70.00±0.17^{g}	115.00±0.04^{a}	60.00±0.01^{h}	95.00±0.20^{c}	75.00±0.17^{f}	100.00±0.12^{b}	90.00±0.00^{d}	60.00±0.09^{h}

WA: Water absorption, DDT: Dough development time, DST: Dough stability time and DW: Dough weakening of

Values are expressed as mean ± SD of three replicates

Means within a row with different superscript letters are significantly different at level of $P< 0.05$

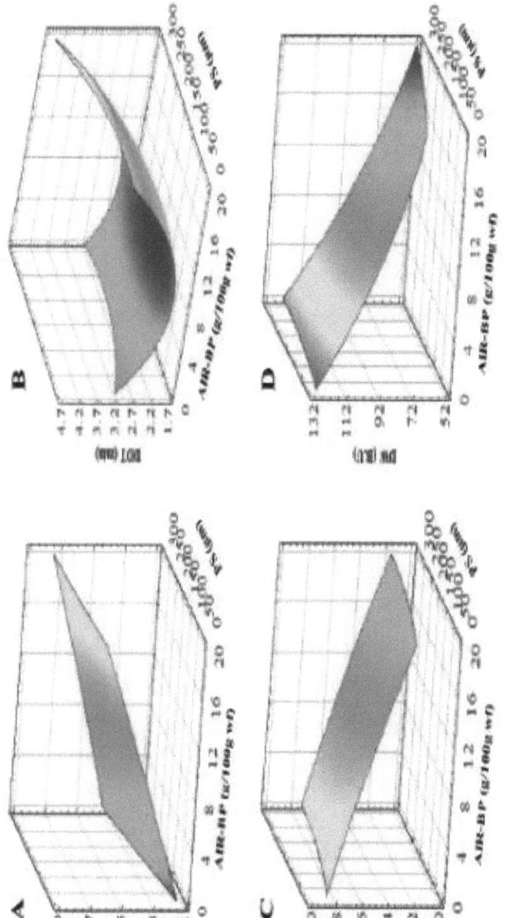

Fig. (1): Gráficos de superfície de resposta da interação de AIR-BP e PS nos parâmetros farinográficos da massa experimental enriquecida com fibras A) WA (%), B), DDT (min), C) DST (min), D) DW (B.U)

A razão para estes resultados pode ser elucidada pela presença de AIR-BP, que impediu a formação da rede de glúten, levando assim a um processo retardado de absorção de água e a um período de tempo prolongado necessário para que a massa atinja o seu estado ótimo (**Tarek-Tilistyák** ***et al.*****, 2014a; Liu** ***et al.*****, 2019)**. Esses achados são consistentes com os obtidos por **Namir** ***et al.*** **(2015a),** que descobriram que o aumento da fração de fibra de tomate levou a um aumento no tempo de desenvolvimento da massa (DDT), com um valor máximo de 4,5 minutos observado em uma mistura contendo 75% de TAIR. Além disso, **Anil (2012a)** observou um aumento do TDT à medida que o nível de incorporação de farelo de aveia na massa de pide aumentava. Adicionalmente, **Saeed** ***et al.*** **(2009)** afirmaram que o DDT exibia um aumento paralelo com a adição de farelo de arroz, variando de 2% a 20% de incremento no DDT à medida que o nível de incorporação de farelo de aveia aumentava na massa de pide. Além disso, afirmaram que o DDT aumentou paralelamente ao aumento da adição de farelo de arroz de 2 a 20%.

O modelo de regressão empírico da avaliação do DDT versus AIR-BP e PS é dado pela seguinte equação

$$DDT\ (min) = 3{,}211 - 0{,}260\ X_1 - 0{,}005\ X_2 + 0{,}014\ X_1^2 + X\ X_{1\ 2} + X_2^2$$

$R^2 = 98{,}80\%$

Os resultados mostraram que a incorporação de AIR-BP em PS mais elevados reduziu o tempo de estabilidade da massa (Tabela 4 & Fig 1C). O DST foi drasticamente reduzido (P<0,05) em cerca de 67 a 80% menos do que o controlo. O menor DST (2,00 min) foi observado para a massa formulada com 20% de AIR-BP e tamanho de partícula de 170 μm.

A razão para este resultado pode ser elucidada pela presença de AIR-BP, que impediu a formação da rede de glúten, levando assim a um processo retardado de absorção de água e a um período de tempo prolongado necessário para que a massa atinja o seu estado ótimo **(Noort *et al.*, 2010; Liu *et al.*, 2019)**. Esses resultados são consistentes com os obtidos por **Namir *et al.* (2015a)**, que descobriram que o aumento da fração de fibra de tomate levou a um aumento no tempo de desenvolvimento da massa (DDT), com um valor máximo de 4,5 minutos observado em uma mistura contendo 75% de TAIR. Além disso, **Anil (2012)** observou um aumento no TDT à medida que o nível de incorporação de farelo de aveia na massa de pide aumentava. Adicionalmente, **Saeed *et al.* (2009)** afirmaram que o DDT exibiu um aumento paralelo com a adição de farelo de arroz, variando de 2% a 20%**(Saeed *et al.*, 2009)**.

O modelo de regressão empírico da avaliação da DST versus AIR-BP e PS é dado pela seguinte equação

$$DST\ (min) = 8{,}796 - 0{,}237\ X_1 - 0{,}008\ X_2 - 0{,}002\ X_1^2 + X_1 X_2 + X_2^2 \quad R^2 = 98{,}02\%$$

A evidência é inequívoca e inequívoca de que a massa com uma duração limitada de estabilidade, que se refere ao tempo durante o qual a massa mantém a sua integridade estrutural, exibiu um aumento substancial no grau de enfraquecimento. Consequentemente, é altamente desejável e preferível trabalhar com uma massa que apresente um menor grau de enfraquecimento, uma vez que isso implica que a massa será mais fácil de manusear e manipular durante vários processos mecânicos, tais como moldar e formar. Por outro lado, um valor mais elevado na escala de enfraquecimento serve como um indicador dos desafios e dificuldades acrescidos que se podem encontrar quando se participa nos processos mecânicos de manuseamento e composição da massa acima referidos.

A análise de variância mostrou um aumento no enfraquecimento da massa à medida que o AIR-BP e o PS incorporados aumentavam (Tabela 4 & Fig. 1D). O grau mais elevado de enfraquecimento da massa foi observado durante a adição de 3,00% de AIR-BP e tamanho de partícula de 170 μm (115,00 UN) contra o controlo (50,00 UN). Isso se deve ao impacto do AIR-BP em danificar a matriz de glúten, resultando no enfraquecimento da massa.

O modelo de regressão empírico da avaliação da DW versus AIR-BP e PS é dado pela seguinte equação

$$DW\ (B.U) = 130{,}44 - 4{,}167\ X_1 - 0{,}044\ X_2 + 0{,}067\ X_1^2 - 0{,}002\ X_1\ X_2 + X\ R_2^2\ {}^2 = 98{,}64\%$$

4.2.2 Caraterísticas do extensógrafo

Os resultados revelaram uma associação positiva estatisticamente significativa entre a resistência de extensibilidade e o número proporcional. Esta correlação foi observada quando houve um aumento na razão de adição AIR-BP com um tamanho de partícula grande. Especificamente, o valor da resistência da extensibilidade diminuiu de 306,50 B.U para o grupo de controlo. Posteriormente, atingiu o valor máximo entre as amostras experimentais (696,50 B.U) para a massa experimental que foi preparada com a adição de 20% de AIR-BP com um tamanho de partícula de 170 micrómetros (Quadro 5 & Fig. 2A). Este aumento da resistência da extensibilidade foi acompanhado por uma taxa de aumento notável de 127% superior à do grupo de controlo.

Por outro lado, a massa experimental que foi preparada com a adição de 3% de AIR-BP com um tamanho de partícula de 170 micrómetros apresentou o valor mais baixo para a resistência da extensibilidade (312,50 B.U). Este valor foi estimado como sendo aproximadamente 2% superior ao do grupo de controlo (Tabela 5 & Fig. 2A).

O modelo empírico de regressão da avaliação da resistência da extensibilidade versus AIR-BP e PS é dado pela seguinte equação :

$$RE\ (BU) = 180{,}221 + 19{,}256\ X_1 + 0{,}576\ X_2 - 0{,}016\ X_1^2 + 0{,}016\ X_1 X_2 - X_2^2 \quad R^2 = 99.77\%$$

Pelo contrário, observou-se que os valores de Extensibilidade demonstraram uma redução notável em conjunto com o aumento da quantidade de AIR-BP, bem como das suas dimensões de partículas. O valor da Extensibilidade sofreu um decréscimo que variou entre cerca de 2% e 42% quando se comparou a massa experimental com a amostra de controlo. A massa experimental, que continha 20% de AIR-BP com um tamanho de partícula de 170 micrómetros, apresentou o valor de Extensibilidade mais baixo, especificamente 111,00 mm. Por outro lado, a massa experimental que continha 3% de fibra com um tamanho de partícula de 170 micrómetros apresentou o valor mais elevado de Extensibilidade entre as amostras experimentais, ascendendo a 179,00 mm. É de salientar que todos estes valores foram inferiores ao valor de controlo de 192,00 ml (Tabela 5 & Fig. 2B).

Tabela (5): Parâmetros extensográficos da massa experimental formulada com AIR-BP

Parameters	Control	X1=12 g/100g WF & X2=170µm	X1=18 g/100g WF & X2=78µm	X1=3 g/100g WF & X2=170µm	X1=18 g/100g WF & X2=262µm	X1=6 g/100g WF & X2=262µm	X1=12 g/100g WF & X2=300µm	X1=6 g/100g WF & X2=78µm	X1=12 g/100g WF & X2=40µm	X1=20 g/100g WF & X2=170µm
Resistance to extensibility (B.U)	306.50±4.05[j]	515.00±12.12[e]	575.50±11.96[c]	312.50±21.83[i]	690.00±26.74[b]	420.00±14.23[g]	556.00±19.03[d]	343.00±21.19[h]	445.00±11.39[f]	696.50±16.62[a]
Extensibility (ml)	192.00±7.27[a]	160.00±2.08[f]	145.00±6.14[h]	189.00±24.89[b]	115.00±8.60[i]	175.00±4.55[d]	152.00±7.61[g]	187.00±9.41[c]	165.00±10.72[e]	111.00±1.81[j]
Proportional number	1.60±0.03[j]	3.22±0.10[e]	3.97±0.07[c]	1.65±0.15[i]	6.00±0.00[b]	2.40±0.21[g]	3.66±0.81[d]	1.83±0.36[h]	2.70±0.00[f]	6.27±0.31[a]

Values are expressed as mean ± SD of three replicates

Means within a row with different superscript letters are significantly different at level of $P< 0.05$

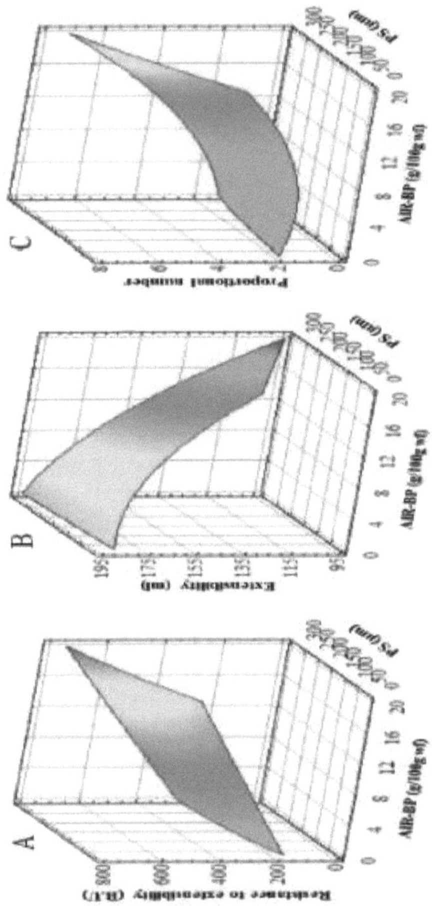

Fig. (2): Gráficos de superfície de resposta da interação de AIR-BP e PS na massa experimental enriquecida com fibras A) Resistência à extensibilidade (B.U), B) Extensibilidade (ml) e C) Número proporcional

O modelo de regressão empírico da avaliação da Extensibilidade versus AIR-BP e PS é dado pela seguinte equação:

$$\text{Extensibilidade (ml)} = 189,311 + 0,451\ X_1 + 0,020\ X_2 - 0,148\ X_1^2 - 0,008\ X_1\ X_2 - X_2^2 \quad R^2 = 98,46\%$$

O mesmo padrão de comportamento foi observado nos dados relativos ao número proporcional, que apresentou um aumento notável de 4 - 293% em comparação com o controlo. É de salientar que o valor mais elevado do número proporcional i (6,27) foi obtido para a massa experimental contendo 20% de AIR-BP com um tamanho de partícula de 170 micrómetros, em comparação com o controlo (1,60) (Quadro 5 & Fig. 2C).

O modelo de regressão empírico da avaliação do número proporcional versus AIR-BP e PS é dado pela seguinte equação

$$\text{Número proporcional} = 1,970 - 0,115\ X_1 - X_2 + 0,011\ X + X_1{}^2{}_1\ X_2 - X \quad R_2{}^2\ {}^2 = 98,46\%$$

4.2.3 Caraterísticas de colagem

O impacto da inclusão de AIR-BP e do seu PS nas caraterísticas de colagem da massa de pão enriquecida com fibra é apresentado na Tabela 6. É de salientar que o AIR-BP e o PS demonstraram alterações estatísticas significativas ($P<0,05$) nas propriedades de colagem observadas em todas as massas experimentais. A temperatura de colagem (TP) desempenha um papel crucial, pois significa a temperatura mínima necessária para que o compósito cozinhe, e essa informação é vital para determinar o custo energético necessário para o processo. A incorporação do AIR-BP e do seu PS conduziu a alterações significativas nas propriedades de colagem da massa de pão enriquecida com fibra (Tabela 6 & Fig. 3A).

A Tabela 6 e a Fig. 3A mostraram que o PT estava fortemente correlacionado ($P<0,05$) com o AIR-BP e seu PS nas formulações experimentais de massa enriquecida com fibras. Considerando que, à medida que o AIR-BP aumentou em PS elevado, o PT aumentou significativamente ($P<0,05$). O PT mais baixo foi observado para o controlo (63,25°C), que aumentou consideravelmente em cerca de 4% para a fórmula que contém 20% de AIR-BP com PS de 170 μm (65,59°C). Este resultado específico pode ser explicado e elucidado de forma fácil e abrangente, tendo em conta a inegável e indiscutível veracidade e verdade da temperatura de gelificação consideravelmente distinta que é caraterística e inerente a cada fração individual do AIR-BP. Num contexto intimamente associado e interligado, é crucial e imperativo notar e reconhecer que os grânulos grosseiros, que exibem e demonstram uma capacidade e propensão significativamente elevada e aumentada para inchar, resultam, em última análise e inevitavelmente, na manifestação e emergência de uma temperatura de colagem correspondentemente elevada e escalada.

O modelo empírico de regressão da avaliação do TP versus AIR-BP e PS é dado pela seguinte equação

$$PT\ (°C) = 63,045 + 0,034\ X_1 + 0,001\ X_2 + 0,003\ X_1^2 + X_1\ X_2 - X_2^2 \quad R^2 = 99,44\%$$

O pico de viscosidade (PV) exprime a capacidade de os grânulos de amido incharem livremente durante o aquecimento antes da sua desagregação física; a viscosidade aumenta consideravelmente à medida que a absorção de água aumenta e é obtido o pico de viscosidade. Os resultados apresentados na Tabela 6 e na Fig. 3B mostram que as farinhas de pão enriquecidas com fibras formuladas com diferentes AIR-BP em diferentes PS apresentaram valores de PV significativamente diferentes.

É evidente que o AIR-BP e o seu PS foram significativamente ($P<0,05$) correlacionados com o PV, sendo que quanto maior o AIR-BP com PS elevado, maior o PV. O VP mais baixo (734 U.B.) foi obtido para a massa de controlo. As formulações experimentais de pasta enriquecida com fibras com AIR-BP de 20% e PS de 170 μm (890 U.B.) apresentaram o valor mais elevado de VP. Entretanto, o VP mais baixo (784 U.B.) foi obtido para a formulação experimental de massa enriquecida com fibras formulada com AIR-BP de 3 % a PS de 170 μm (Tabela 6 & Fig. 3B).

Este resultado pode ser atribuído à notável associação entre o pico de viscosidade (PV) e o teor de amido nos compósitos. As dissemelhanças na composição química e nas propriedades funcionais, especificamente a capacidade de inchamento dos compósitos conhecidos como AIR-BP, no tamanho de partícula experimental (PS) têm um impacto profundo no seu comportamento ao longo do processo de aquecimento **(Srivastava *et al.*, 2014a).** O modelo de regressão empírica da avaliação do PV versus AIR-BP e PS é dado pela seguinte equação:

$$PV\ (B.U) = 731{,}494 + 9{,}146\ X_1 + 0{,}165\ X_2 - 0{,}079\ X_1^2 - 0{,}009\ X_1 X_2 + X_2^2 \quad R^2 = 98{,}71\%$$

Relativamente à viscosidade final (VF), pode ver-se claramente que o aumento da VF corresponde ao aumento da AIR-BP nos PS mais elevados, indicando uma maior incorporação de moléculas de amilose após a cozedura e o arrefecimento. O VF mais elevado (1062 U.B.) é dado à massa experimental formulada com AIR-BP de 20% em PS de 170 µm contra o controlo (913 U.B.) (Tabela 6 & Fig. 3C).

Os modelos de superfície ajustados para FV são dados na seguinte equação:

$$FV\ (B.U) = 881,571 + 9,076\ X_1 + 0,143\ X_2 - 0,051\ X_1^2 - 0,005\ X_1\ X_2 + X_2^2$$

$$R^2 = 96,62\%$$

A viscosidade de rutura (VBD) corresponde à estabilidade da viscosidade térmica e de cisalhamento durante o tempo de espera a 95°C. Foi observado um decréscimo significativo ($P<0,05$) na VBD da massa experimental com o aumento da quantidade de AIR-BP e dos seus PS, o que levou a um aumento da área de superfície de interação entre o AIR-BP em diferentes PS e o amido, tornando os grânulos inchados mais frágeis. A resistência à rutura mais elevada foi registada para o controlo (502 BU), que diminui cerca de 3 a 14% para as massas experimentais. O menor BDV (434 B.U) foi observado para o pão enriquecido com fibra formulado com AIR-BP de 20% a PS de 170 µm (Tabela 6 & Fig. 3D).

$$BDV\ (B.U) = 498,295 - 0,995\ X_1 - 0,063\ X_2 - 0,083\ X_1^2 + 0,002\ X_1\ X_2 - X_2^2$$

$$R^2 = 94,03\%$$

Após o arrefecimento das suspensões de amido-AIR-BP em diferentes PSs de 95°C para 50°C, o amido gelatinizado recristalizou e as moléculas de amilose coalesceram, transformando a suspensão numa fase de gel. Pode ser visto na

Tabela 6 & Fig.3E que uma diminuição significativa nos valores de SBV foi observada à medida que o AIR-BP aumentou em PSs mais altos, o que pode levar a uma tendência de retrogradação mais alta. O valor mais elevado de SBV (342 B.U) foi observado para a massa experimental formulada com AIR-BP de 3% a PS de 170 μm, em comparação com o controlo (323 B.U) (Quadro 6 & Fig. 3E).

Tabela (6): Propriedades de pastelaria da massa experimental formulada com AIR-BP

Parameters	Control	X1=12 g/100g WF & X2=170μm	X1=18 g/100g WF & X2=78μm	X1=3 g/100g WF & X2=170μm	X1=18 g/100g WF & X2=262μm	X1=6 g/100g WF & X2=262μm	X1=12 g/100g WF & X2=300μm	X1=6 g/100g WF & X2=78μm	X1=12 g/100g WF & X2=40μm	X1=20 g/100g WF & X2=170μm
PT (°C)	63.25±2.03^{i}	64.37±2.40^{d}	65.13±1.09^{b}	63.39±2.08^{h}	65.56±2.37^{a}	63.80±1.65^{f}	64.50±1.52^{c}	63.60±2.09^{g}	64.00±3.02^{e}	65.59±3.73^{a}
PV(B.U)	734.00±12.94^{j}	844.00±13.78^{e}	871.00±12.37^{c}	784.00±12.34^{i}	876.00±12.14^{b}	823.00±12.08^{g}	867.00±11.06^{d}	798.00±12.57^{h}	829.00±12.48^{f}	890.00±12.18^{a}
FV (B.U)	913.00±13.89^{j}	997.00±13.64^{e}	1026.00±14.23^{c}	929.00±12.44^{i}	1030.00±11.41^{b}	965.00±12.13^{g}	1021.00±12.86^{d}	948.00±13.40^{h}	985.00±14.01^{f}	1062.00±12.89^{a}
BD (B.U)	502.00±13.57^{a}	468.00±12.18^{f}	456.00±12.19^{h}	487.00±11.05^{b}	452.00±12.48^{i}	474.00±11.09^{d}	459.00±13.24^{g}	483.00±12.07^{c}	472.00±12.61^{e}	434.00±11.50^{j}
SBV(B.U)	323.00±12.23^{d}	315.00±1.99^{f}	301.00±11.82^{h}	342.00±11.33^{a}	298.00±12.85^{i}	332.00±1.39^{c}	305.00±12.19^{g}	333.00±12.75^{b}	316.0±11.42^{e}	262.00±12.09^{j}

Values are expressed as mean ± SD of three replicates

Means within a row with different superscript letters are significantly different at level of $P< 0.05$

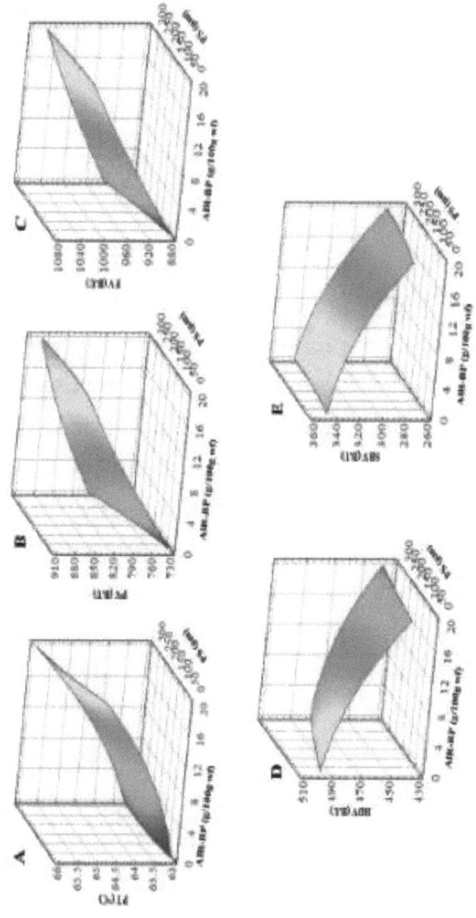

Fig. (3): Gráficos de superfície de resposta da interação de AIR-BP e PS nas propriedades de colagem da massa experimental enriquecida com fibras (A) PT (°C), B) PV (B.U), C) FV (B.U), D) BDV (B.U) e E) SBV (B.U)

O modelo de regressão empírico da avaliação do SBV versus AIR-BP e PS é dado pela seguinte equação

$$SBV\ (B.U) = 348{,}218 - 0{,}925\ X_1 - 0{,}041\ X_2 - 0{,}111\ X - X_1{}^2{}_1\ X + X_{22}{}^2\ \ R^2 = 88{,}05\%$$

4.2.4 Propriedades térmicas

Quando os grânulos de amido são expostos a temperaturas superiores a 60°C e colocados numa quantidade suficiente de água, ocorre um processo de transformação em que os grânulos passam de um estado organizado para um estado desordenado. Esta transformação implica a absorção de água, a expansão dos grânulos, a perda da estrutura cristalina e a perda da disposição helicoidal dupla da amilopectina. Este processo complexo é comummente designado por "Gelatinização". A fim de investigar exaustivamente as propriedades térmicas da FEP, foi utilizada a técnica de Calorimetria Exploratória Diferencial (DSC). Esta técnica permite a medição das temperaturas de transição de gelatinização, bem como a entalpia de gelatinização, ambas muito influenciadas pela estrutura molecular e pelo nível de cristalinidade.

A velocidade de gelatinização do amido está sujeita à influência de vários factores. Um desses factores é o tipo de amido utilizado, quer se trate de amido de milho, amido de trigo ou amido de arroz. O tipo específico de amido utilizado tem um impacto direto na viscosidade dos géis de amido, que, por sua vez, afecta a taxa a que ocorre a hidrólise (**Santamaria** ***et al.*****, 2022**).

Tabela (7): Parâmetros térmicos da massa experimental formulada com AIR-BP

Parameters	Control	X1=12 g/100g WF & X2=170μm	X1=18 g/100g WF & X2=78μm	X1=3 g/100g WF & X2=170μm	X1=18 g/100g WF & X2=262μm	X1=6 g/100g WF & X2=262μm	X1=12 g/100g WF & X2=300μm	X1=6 g/100g WF & X2=78μm	X1=12 g/100g WF & X2=40μm	X1=20 g/100g WF & X2=170μm
Tonset (°C)	61.59±1.58^{h}	64.31±2.03^{d}	64.39±1.07^{c}	63.81±1.91^{g}	65.31±1.37^{b}	63.94±0.41^{f}	64.37±0.52^{c}	63.89±0.20^{g}	64.16±1.74^{e}	65.75±1.12^{a}
Tpeak (°C)	66.18±1.08^{f}	66.42±2.34^{d}	66.86±1.37^{c}	65.77±0.68^{i}	67.25±1.54^{b}	65.95±1.15^{g}	66.51±0.77^{d}	65.81±1.28^{h}	66.19±2.30^{e}	68.46±1.28^{a}
Tconclusion (°C)	70.46±2.37^{c}	69.53±2.07^{e}	70.61±1.28^{c}	67.75±2.09^{i}	71.07±2.04^{b}	68.51±1.37^{g}	69.91±1.10^{d}	68.18±1.14^{h}	69.08±1.51^{f}	71.88±1.05^{a}
ΔH (j/g)	0.61±0.08^{h}	1.39±0.11^{c}	1.89±0.21^{a}	0.82±0.03^{g}	1.92±0.06^{a}	1.15±0.09^{e}	1.51±0.07^{b}	1.05±0.09^{f}	1.25±0.14^{d}	2.05±0.58^{a}

Values are expressed as mean ± SD of three replicates

Means within a row with different superscript letters are significantly different at level of $P < 0.05$

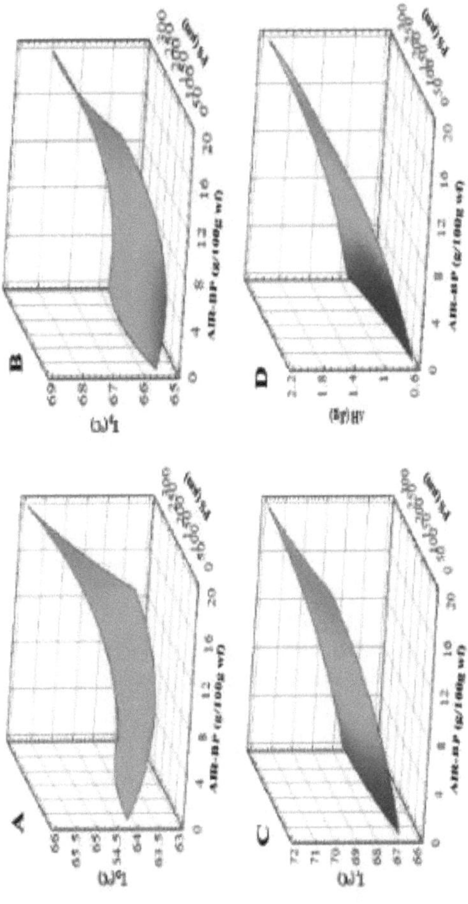

Fig. (4): Gráficos de superfície de resposta da interação de AIR-BP e PS na massa experimental enriquecida com fibras A) T_O (°C), B) T_P (°C), C) T_C (°C) e D) ΔH (J/g)

Além disso, a natureza inerente do próprio amido, particularmente a relação entre amilose e amilopectina, desempenha um papel significativo no processo de gelatinização (**Chakraborty *et al.*, 2022**). Além disso, vários outros factores foram identificados como potenciais contribuintes para a taxa de retrogradação, um fenómeno que ocorre após a gelatinização. Estes factores incluem o tamanho dos grânulos de amido, o grau de polimerização, a concentração de amido, o nível de teor de água e a temperatura a que o amido é armazenado (**Taguchi *et al.*, 2023**). Também se verificou que a estrutura molecular do amido, incluindo o tamanho das moléculas de amilose e amilopectina, bem como a presença de cadeias intermédias de amilopectina, exercem uma influência nas propriedades de gelatinização da farinha de arroz (**Li *et al.*, 2023**). Finalmente, tanto os factores internos, como a amilose, a amilopectina e os constituintes do próprio alimento, como os factores externos, como as condições específicas utilizadas durante o processamento, podem ter um impacto significativo na formação de amido retrogradado (**Yang *et al.*, 2022**).

O impacto do AIR-BP e do PS nos parâmetros de transição térmica das formulações de massa que foram utilizadas na experiência é detalhado de forma abrangente e apresentado na Tabela 7 e na Fig.4. É pertinente notar que todas as amostras de massa que foram testadas exibiram uma transição endotérmica DSC dentro do intervalo de temperatura de 60 a 71°C, e estas transições foram observadas como possuindo temperaturas de transição excecionalmente bem definidas, que incluem To, Tp e Tc. Estas temperaturas de transição específicas, juntamente com outras informações relevantes, podem ser encontradas na Tabela 7 e na Fig.4.

Os resultados mostraram que as temperaturas de transição de gelatinização de To, Tp e Tc aumentaram drasticamente ($P<0,05$) de 63,81 para 65,75°C; 65,77 para 68,46°C e de 67,75 para 71,88°C, respetivamente, na formulação da massa experimental com o aumento dos níveis de substituição da farinha de trigo por AIR-BP e PS em comparação com o CP (61,59, 66,18 e 70,46°C, respetivamente) (Tabela 7 e Fig.4 A,B e C). A razão por detrás deste fenómeno pode ser atribuída à competição que existe entre o amido e a absorção de água. Esta competição acaba por limitar o inchaço e a gelificação do amido, resultando consequentemente numa temperatura mais elevada necessária para a gelatinização do amido. Estes resultados estão de acordo com o que foi demonstrado em massas enriquecidas com fibra de ervilha e farinha de Kañawa (**Tudorica *et al.*, 2002 e Bustos *et al.*, 2019).**

O modelo de superfície ajustado para as temperaturas de transição de gelatinização de To, Tp e Tc é dado pela seguinte equação:

$$To\ (°C) = 64,232 - 0,103\ X_1 - X_2 + 0,005\ X_1^2 + X_1\ X_2 - X\ R_2^2 \qquad ^2 = 93,32\%$$

$$Tp\ (°C) = 65,595 - 0,074\ X_1 + 0,004\ X_2 + 0,007\ X_1^2 + X_1\ X_2 - X\ R_2^2 \qquad ^2 =91,34\%$$

$$Tc\ (°C) = 66,925 + 0,114\ X_1 + 0,004\ X_2 + 0,004\ X_1^2 + X_1\ X_2 - X\ R_2^2 \qquad ^2 =98,96\%$$

O aumento da entalpia de gelatinização, que serve como uma medida abrangente da quantidade e da qualidade da cristalinidade, pode ser atribuído à perda de ordem molecular dentro do grânulo de amido, conforme relatado por **BeMiller (2011)**. Este fenómeno tem sido amplamente estudado, tendo-se observado que o processo de gelatinização induz uma redução da entalpia. Esta observação foi efectuada nos estudos realizados por **Wu *et al.* (2023)**onde se verificou que a alteração da entalpia de gelatinização é mais pronunciada em pastas de amido e água com maior teor de água **(Lang *et al.*, 2023)**. Além disso, foi determinado que a cristalinidade inicial dos amidos não apresenta uma correlação significativa com a entalpia de gelatinização, tal como observado por **de Borba *et al.* (2022)**. Estas conclusões colectivas sugerem fortemente que o comportamento térmico do amido é alterado pelo processo de gelatinização, conduzindo, em última análise, a uma diminuição da entalpia.

Os resultados do estudo indicaram que o valor de entalpia (ΔH) apresentou um aumento estatisticamente significativo ($P < 0,05$) à medida que os níveis de incorporação de AIR-BP em PS mais elevados aumentaram. Este aumento nos valores de entalpia variou entre 0,82 e 2,05 J/g, em comparação com o controlo, que teve um valor de entalpia de 0,61 J/g (como se mostra na Tabela 7 e na Fig.4D. A razão subjacente a este aumento pode ser atribuída à falta de água causada pela absorção de água pelo AIR-BP, especialmente em níveis mais elevados de PS. Este facto limitou o inchaço e, subsequentemente, levou à gelatinização dos grânulos de amido. Consequentemente, observou-se que os valores de entalpia eram mais elevados. Foram registados resultados semelhantes em estudos anteriores envolvendo massa de trigo enriquecida com fibra de ervilha, farelo e farinha de Kañawa **(Tudorica *et al.*, 2002; Aravind *et al.*, 2012; Bustos *et al.*, 2019)**

O modelo de regressão empírico da avaliação do ΔH versus AIR-BP e PS é dado pela seguinte equação:

$\Delta H = 0{,}638 + 0{,}038\ X_1 + X_2 + 0{,}001\ X_1^2 - X_1\ X_2 + X_2^2$ $R^2 = 98{,}46\%$

4.3 O impacto do AIR-BP nos tamanhos de partículas experimentais nas propriedades nutricionais e de qualidade do pão enriquecido com fibras preparado

4.3.1 Valor nutricional do pão enriquecido com fibras

A composição nutricional do pão experimental enriquecido com fibras, que pode ser vista na Tabela (8), mostra as mudanças que ocorrem na composição química como resultado da adição de AIR-BP e seus PS. Vale a pena mencionar que a percentagem de AIR-BP adicionada e os seus PS têm um impacto significativo no teor de humidade, tal como indicado pelos resultados obtidos no estudo. Estes resultados revelam uma correlação notável ($P<0{,}05$) entre o teor de humidade e a quantidade de AIR-BP adicionada ao compósito, juntamente com o seu PS. Isto implica que, à medida que a percentagem de AIR-BP adicionada e o seu PS aumentam, o teor de humidade do pão enriquecido com fibras também aumenta. Especificamente, o pão experimental enriquecido com fibras apresenta um teor de humidade que é aproximadamente 4-13% mais elevado em comparação com o controlo (Tabela 8 e Fig.5A).

Além disso, é importante notar que o pão enriquecido com fibra feito com 20% de AIR-BP e um PS de 170 μm apresenta o teor de humidade mais elevado, medindo 7,11 g/100g. Em contrapartida, o pão de controlo enriquecido com fibras tem um teor de humidade de 6,31 g/100g. O elevado teor de humidade observado no pão enriquecido com fibras pode ser atribuído à capacidade de retenção de água do AIR-BP adicionado, especialmente quando o PS é mais elevado. Esta caraterística do pão enriquecido com fibras contribui positivamente para a sua capacidade de manter a frescura do pão e de obter um rendimento elevado.

O modelo de regressão empírico da avaliação do teor de humidade versus AIR-BP e PS é dado pela seguinte equação

$$\text{Humidade } (g/100g^{-1}) = 6{,}162 + 0{,}066\, X_1 + 0{,}001\, X_2 - 0{,}001\, X_1^2 - X_1 X_2 - X_2^2 \quad R^2 = 98{,}83\%$$

Considerando a composição proteica e lipídica, deve notar-se que existe uma correlação significativa ($P<0{,}05$) entre eles e o AIR-BP adicionado ao compósito e o seu PS (Tabela 8, Fig. 5 B,C). Foi observada uma redução significativa ($P<0{,}05$) nos teores de proteína e gordura com uma elevada percentagem de AIR-BP adicionada a um PS elevado, onde o teor de proteína e gordura diminuiu cerca de 1-7% e 0,1-3% menos do que o controlo (Tabela 8, Fig. 5 B,C). O pão enriquecido com fibras feito com 20% de AIR-BP e PS 170 foi a mistura com o teor mais baixo de proteínas e gorduras (21,85 e 2,47) em comparação com o controlo (22,59 e 2,13, respetivamente). A redução dos teores de proteínas e gorduras no pão enriquecido com fibras deve-se aos baixos teores de proteínas e gorduras no AIR-BP adicionado (Tabela 8, Fig. 5 B,C).

O modelo empírico de regressão da avaliação dos teores de proteína e gordura versus AIR-BP e PS é dado pela seguinte equação

Proteína ($g/100^{-1}$) = $13{,}372- 0{,}060\ X_1 -0{,}001\ X +X +X_{21}{}^{2}{}_{12} + XX_2{}^2\ R^2 =$ 98,46%

Matéria gorda ($g/100^{-1}$) = $22{,}154 + 0{,}088\ X_1 + 0{,}001\ X_2 - 0{,}003\ X_1{}^2 - X_1\ X_2 + 6{,}816\ X_2{}^2\ R^2 = 93{,}69\%$

Relativamente ao teor de cinzas do pão enriquecido com fibra, é de notar que não existe correlação entre este e o AIR-BP adicionado ao compósito e o seu PS. O teor médio de cinzas do pão experimental enriquecido com fibras foi de 2,42 g/100g (Tabela 8, Fig. 5 D).

Os teores de fibra alimentar do pão enriquecido com fibra são apresentados na Tabela (8), e os dados correspondentes são representados visualmente na Fig.5E. Em comparação com o pão de controlo, observou-se que existiam diferenças significativas no pão enriquecido com fibra produzido por meios experimentais (P<.05). Notavelmente, ficou evidente que o conteúdo de TDF do pão aumentou significativamente (P<0,05) à medida que o nível de AIR-BP aumentou em um tamanho de partícula maior na formulação do pão. O teor de TDF do pão experimental enriquecido com fibras apresentou uma gama de valores, começando com 8,88% para o pão feito com 3% de AIR-BP a um tamanho de partícula (PS) de 170 μm, e atingindo o teor mais elevado de 13,72% para o pão feito com 20% de AIR-BP a um PS de 170 μm. Este valor máximo é cerca de 8 vezes superior ao do pão de controlo, que apresenta um teor de FDT de 1,94 (Quadro 8, Fig. 5 E).

O modelo de regressão empírico da avaliação dos teores de TDF versus AIR-BP e PS é dado pela seguinte equação

TDF ($g/100^{-1}$) = $9{,}240 + 0{,}185\ X_1 - 0{,}011\ X_2 + 0{,}004\ X_1{}^2 - X_1\ X_2 + X\ R_2{}^2\ {}^2 =$ 95,64%

Considerando o conteúdo de hidratos de carbono solúveis, é de notar que existe uma correlação significativa (P<0,05) entre este e o AIR-BP adicionado à mistura e o seu PS (Tabela 8, Fig. 5 F). Foi observada uma diminuição significativa do teor de hidratos de carbono solúveis com uma elevada percentagem de adição de AIR-BP e um elevado tamanho de partícula, uma vez que o teor de hidratos de carbono solúveis diminuiu cerca de 11-18% em relação ao controlo. O pão enriquecido com fibras feito com 3% de AIR-BP e PS de 170 µm foi o pão enriquecido com fibras com o teor mais baixo de hidratos de carbono solúveis (53,15) em comparação com o controlo (60,15) (Quadro 8, Fig. 5 F).

Tabela (8): Composição química do pão experimental enriquecido com fibras (base de peso seco)

Compositions (g/100g-1)	Control	X1=12 g/100g WF & X2=170µm	X1=18 g/100g WF & X2=78µm	X1=3 g/100g WF & X2=170µm	X1=18 g/100g WF & X2=262µm	X1=6 g/100g WF & X2=262µm	X1=12 g/100g WF & X2=300µm	X1=6 g/100g WF & X2=78µm	X1=12 g/100g WF & X2=40µm	X1=20 g/100g WF & X2=170µm
Moisture	6.31 ± 0.06^{h}	6.92 ± 0.10^{f}	6.98 ± 0.18^{b}	6.55 ± 0.02^{g}	7.03 ± 0.61^{b}	6.76 ± 0.13^{e}	6.97 ± 0.00^{b}	6.62 ± 0.01^{f}	6.83 ± 0.27^{d}	7.11 ± 0.32^{a}
Protein	13.20 ± 0.55^{a}	12.60 ± 0.59^{f}	12.50 ± 0.14^{h}	13.04 ± 0.54^{b}	12.38 ± 0.08^{i}	12.83 ± 0.15^{d}	12.53 ± 0.18^{g}	12.95 ± 0.37^{c}	12.69 ± 0.84^{e}	12.26 ± 0.98^{j}
Fat	22.59 ± 1.02^{a}	22.51 ± 1.24^{a}	22.41 ± 0.34^{a}	22.58 ± 1.64^{a}	21.98 ± 1.02^{b}	22.55 ± 0.72^{a}	22.48 ± 1.06^{a}	22.57 ± 1.58^{a}	22.53 ± 1.16^{a}	21.85 ± 0.76^{b}
Ash	2.13 ± 0.48^{f}	2.23 ± 0.18^{e}	2.57 ± 0.06^{b}	2.35 ± 0.15^{d}	2.60 ± 0.06^{a}	2.07 ± 0.07^{f}	2.64 ± 0.02^{a}	$2.24\pm0.67e$	2.61 ± 0.24^{a}	2.47 ± 0.30^{c}
Crude fiber	1.94 ± 0.01^{j}	11.24 ± 0.16^{e}	13.23 ± 1.02^{c}	8.88 ± 0.57^{i}	13.40 ± 0.88^{b}	11.04 ± 0.92^{g}	12.79 ± 0.52^{d}	10.45 ± 0.28^{h}	11.15 ± 0.37^{f}	13.72 ± 0.86^{a}
SC	60.15 ± 1.32^{a}	51.42 ± 1.65^{e}	49.29 ± 1.06^{j}	53.15 ± 1.52^{b}	49.63 ± 1.37^{h}	51.51 ± 1.26^{d}	$49.56\pm1.880.00^{i}$	51.79 ± 0.13^{c}	51.02 ± 2.07^{f}	49.70 ± 1.09^{g}

TDF: Total dietary fiber, SC: Soluble carbohydrates

Values are expressed as mean ± SD of three replicates

Means within a row with different superscript letters are significantly different at level of $P< 0.05$

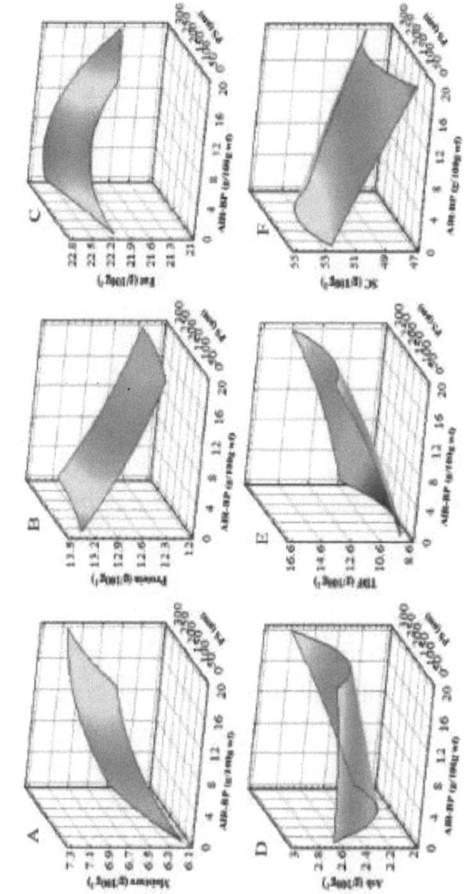

Fig. (5): Gráficos de superfície de resposta da interação de AIR-BP e PS na composição proximal do pão experimental enriquecido com fibras: A) Humidade, B), Proteína, C) Gordura, D) Cinzas, E) TDF e F) SC

O modelo de regressão empírico da avaliação do teor de SC versus AIR-BP e PS é dado pela seguinte equação

$$SC\ (g/100^{-1}) = 52{,}552 - 0{,}214\ X_1 + 0{,}016\ X_2 - 0{,}001\ X_1^2 + X_1\ X_2 - X_2^2 \quad R^2 = 94{,}71\%$$

4.3.2 Propriedades físicas do pão enriquecido com fibras

Os efeitos da substituição do pó de AIR- BP no tamanho de partícula experimental sobre as propriedades físicas do pão experimental enriquecido com fibras são apresentados na tabela 8. Os resultados do estudo indicam que existem diferenças significativas ($P<0{,}05$) nas propriedades físicas do pão experimental enriquecido com fibras à medida que a percentagem de AIR- BP e o seu tamanho de partícula aumentam.

Ao considerar o volume específico do pão de forma, torna-se evidente que existe uma correlação negativa notável entre o volume específico e a quantidade de AIR-BP adicionada ao tamanho da partícula. O volume específico do pão sofre uma diminuição significativa ($P<0{,}05$) à medida que a percentagem de AIR-BP adicionada a um tamanho de partícula elevado aumenta. Esta diminuição do volume específico do pão é cerca de 9-33% inferior à do controlo (Tabela 9, Fig.6A). Especificamente, o pão experimental enriquecido com fibras preparado com 20% de AIR- BP e um tamanho de partícula de 170 µm apresenta o menor volume específico de pão de 1,53 em comparação com o volume específico de pão de controlo de 2,29 (Tabela 9, Fig. 6A).

A redução do volume específico pode ser atribuída à diluição do glúten e a alterações na estrutura do miolo, o que subsequentemente prejudica a retenção de dióxido de carbono **(Lim *et al.*, 2011; Mau *et al.*, 2020)**. Estas conclusões alinham-se com os resultados relatados por **(Fendri *et al.*, 2016; Sęczyk *et al.*, 2017).**

O modelo de regressão empírico da avaliação do volume específico do pão versus AIR-BP e PS é dado pela seguinte equação

Volume específico (ml/g)=$2{,}234-0{,}028X_1$ $-X$ $-X$ $+X_{21}{}^{2}{}_{1}$ $X_2 + 6{,}319\ X_2^2$ $R^2 =$ 98,87%

A dureza, determinada pela análise do perfil de textura, refere-se especificamente à força máxima de pico registada durante a compressão inicial da amostra. Esta força representa a quantidade de pressão necessária para deformar a amostra até um determinado ponto. Ao medir a dureza do pão experimental enriquecido com fibras, é possível obter informações valiosas sobre as suas propriedades estruturais e a sua firmeza global.

Em termos do efeito do AIR- BP e do seu tamanho de partícula na textura do pão experimental enriquecido com fibra, observou-se que um aumento na proporção de AIR- BP levou a um aumento correspondente na dureza, particularmente em tamanhos de partícula mais altos. Esta relação é claramente descrita na Tabela 9 e na Fig. 6B, onde se pode ver que o pão experimental enriquecido com fibras apresentou uma dureza que foi aproximadamente 36-40% superior à da amostra de controlo. Os valores específicos para a dureza do pão experimental enriquecido com fibras variaram entre 1874,48 e 1924,54, dependendo da formulação que continha diferentes proporções de pó de AIR-BP com um tamanho de partícula de 170 μm. Em comparação, a amostra de controlo apresentou um valor de dureza de 1476,69. A razão para este aumento da dureza pode ser atribuída à adição de pó AIR-BP, que substitui uma parte da farinha na formulação. Esta substituição acaba por reduzir o teor de glúten e impede a formação de uma estrutura de rede tridimensional, resultando assim num aumento global da dureza do produto final de pão. Este fenómeno foi previamente observado e documentado na literatura (**Ajila *et al.*, 2008b**)destacando a natureza consistente desta relação entre a adição de fibras e o aumento da dureza em produtos de panificação (**Ktenioudaki e Gallagher, 2012b**).

Tabela (9): Propriedades físicas do pão experimental enriquecido com fibras

Properties	Control	X1=12 g/100g WF & X2=170µm	X1=18 g/100g WF & X2=78µm	X1=3 g/100g WF & X2=170µm	X1=18 g/100g WF & X2=262µm	X1=6 g/100g WF & X2=262µm	X1=12 g/100g WF & X2=300µm	X1=6 g/100g WF & X2=78µm	X1=12 g/100g WF & X2=40µm	X1=20 g/100g WF & X2=170µm
Specific volume	2.29±0.61^{a}	1.79±0.10^{e}	1.61±0.01^{f}	2.09±0.06^{b}	1.57±0.00^{g}	1.94±0.00^{c}	1.75±0.01^{e}	1.98±0.00^{c}	1.88±0.00^{d}	1.53±0.01^{g}
Hardness	1376.69±5.34^{h}	1906.30±5.37^{b}	1906.80±5.00^{b}	1874.48±4.15^{g}	1907.42±5.03^{b}	1898.08±5.77^{e}	1906.50±2.08^{c}	1888.45±0.99^{f}	1901.15±6.09^{d}	1924.54±4.22^{a}
Cohesiveness	0.30±0.00^{a}	0.29±0.00^{a}	0.28±0.00^{a}	0.30±0.00^{a}	0.26±0.00^{a}	0.30±0.00^{a}	0.29±0.00^{a}	0.30±0.00^{a}	0.30±0.00^{a}	0.26±0.00^{a}
Chewiness	167.93±0.69^{j}	254.03±2.34^{e}	273.29±1.24^{c}	219.18±1.54^{i}	279.98±2.10^{b}	236.24±1.02^{g}	265.13±2.09^{d}	227.34±2.02^{h}	247.34±2.18^{f}	290.34±2.12^{a}
Springiness	0.43±0.00^{a}	0.39±0.00a	0.36±0.01^{a}	0.41±0.00^{a}	0.33±0.00^{a}	0.40±0.01^{a}	0.36±0.00^{a}	0.41±0.00^{a}	0.39±0.00^{a}	0.32±0.00^{a}
L*	51.57±2.21^{a}	46.41±2.14^{f}	44.22±1.16^{i}	50.62±2.19^{b}	44.15±1.09^{h}	48.24±1.23^{d}	45.36±1.07^{g}	48.99±1.03^{c}	47.35±1.03^{e}	42.71±1.02^{j}
a*	11.05±0.08^{a}	8.55±0.09^{f}	8.27±0.12^{h}	9.61±0.05^{b}	8.45±0.11^{g}	9.55±0.00^{c}	8.76±0.27^{e}	9.03±0.00^{d}	8.47±0.01^{g}	8.18±0.01^{i}
b*	18.81±1.00^{j}	22.08±1.06^{e}	23.43±0.95^{b}	21.57±0.92^{h}	22.85±1.32^{c}	21.67±2.31^{g}	22.01±2.03^{e}	21.81±1.64^{f}	22.53±01.20^{d}	23.68±0.97^{a}
ΔE	-	6.60±0.12^{e}	9.12±0.06^{b}	3.25±0.07^{j}	8.84±0.05^{c}	4.64±0.54^{g}	7.35±0.42^{d}	4.44±0.03^{h}	6.19±0.24^{f}	10.51±0.06^{a}

Values are expressed as mean ± SD of three replicates

Means within a row with different superscript letters are significantly different at level of $P< 0.05$

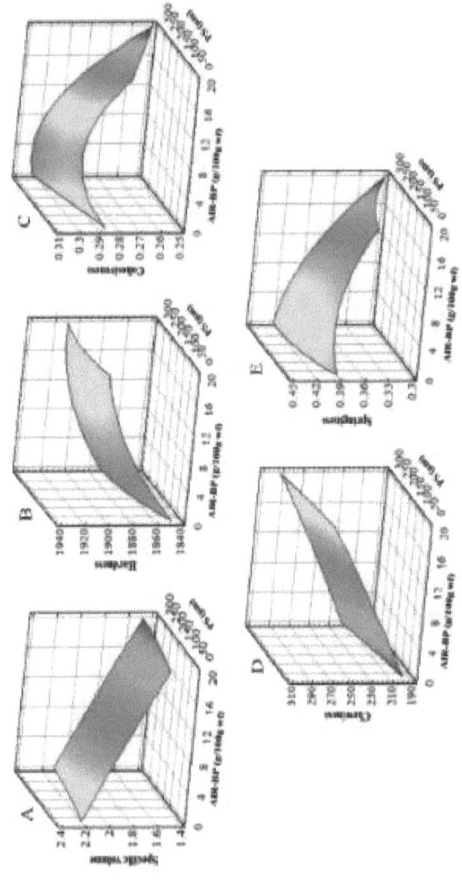

Fig. (6): Gráficos de superfície de resposta da interação de AIR-BP e PS nas propriedades físicas e texturais do pão experimental enriquecido com fibras: A) Volume específico, B), Dureza, C) Coesividade, D) mastigabilidade e E) elasticidade

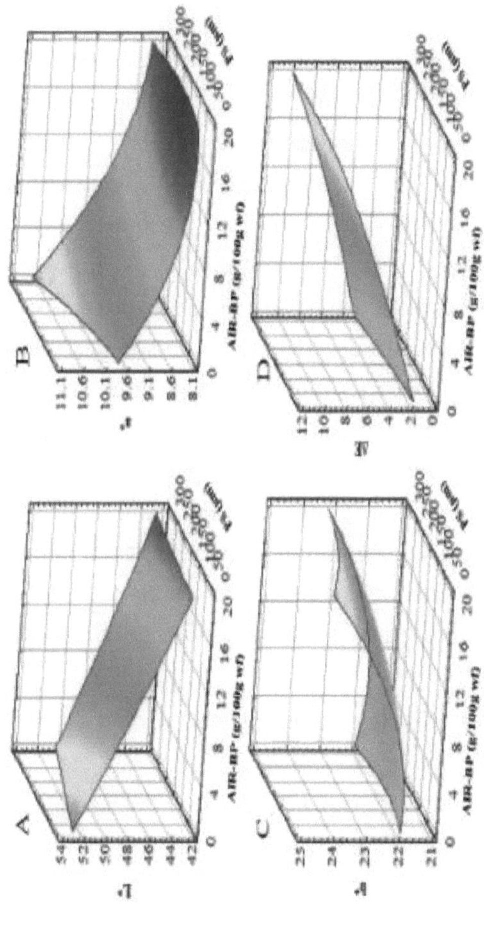

Fig. (7): Gráficos de superfície de resposta da interação de AIR-BP e PS sobre os atributos de cor do pão experimental enriquecido com fibras: A) L, B), a, C) b e ΔE

Em resumo, a análise da textura do pão experimental enriquecido com fibras, utilizando a técnica de análise do perfil de textura, forneceu informações valiosas sobre os vários parâmetros que contribuem para a sua textura global. Ao examinar a dureza, a coesividade, a mastigabilidade e a elasticidade do pão experimental enriquecido com fibras, é possível obter uma compreensão abrangente das suas propriedades estruturais e da sua firmeza. Além disso, a investigação do efeito do AIR- BP e do seu tamanho de partícula na textura do pão experimental enriquecido com fibras revelou uma relação clara entre a proporção de AIR- BP e a dureza, particularmente em tamanhos de partícula mais elevados. O aumento da dureza pode ser atribuído à adição de pó de AIR-BP, que reduz o teor de glúten e impede a formação de uma estrutura de rede tridimensional. Este aumento da dureza é consistente com estudos anteriores sobre a adição de fibras a produtos de panificação.

O modelo de superfície ajustado para a dureza é dado pela seguinte equação:

$$\text{Dureza (N)} = 1848{,}140 + 5{,}325\,X_1 + 0{,}150\,X_2 - 0{,}110\,X_1^2 - 0{,}004\,X_1\,X_2 - X\,R_2^2 \quad ^2 = 86{,}51\%$$

A coesividade do pão experimental enriquecido com fibras diminuiu com o aumento da porção de AIR-BP em PS mais elevados. A coesividade do pão de controlo foi de 0,302. Após a adição de 20% a uma PS de 170 µm, a coesividade diminuiu cerca de 13% em relação ao controlo, sendo de 0,262 (Quadro 9, Fig. 6C).

A coesão, um parâmetro imperativo que é indicativo da tolerância aos danos e da integridade geral da amostra, serve como um componente sensorial vital. Delineia a força interna responsável pela contração da amostra, sendo que um valor mais elevado deste parâmetro é normalmente favorecido no domínio da produção de pão fresco. Com base nos resultados actuais, pode inferir-se que a adição de pó de casca de manga exerce uma influência prejudicial sobre a qualidade do pão, especialmente quando se considera esta perspetiva **(-Belghith-Fendri *et al.*, 2016)**.

O modelo de superfície ajustado para a Coesão é dado pela seguinte equação:

$$\text{Coerência} = 0{,}287 + 0{,}003\ X_1 + X_2 - X_1^2 - X_1\ X_2 - 1{,}288\ X_2^2\ R^2 = 98{,}31\%$$

Como pode ser visto na (Tabela 9, Fig. 15B), a mastigabilidade do pão experimental enriquecido com fibras foi positivamente correlacionada com a quantidade de AIR-BP adicionada em PS mais alto. Como se pode ver no (Quadro 9, Fig. 6D), quando se utilizou 20% de AIR-BP a uma PS de 170 µm, a mastigabilidade do pão experimental enriquecido com fibras foi o valor mais elevado obtido (290,34) e diminuiu para 219,18 quando se adicionou 3% de AIR-BP a uma PS de 170 µm, representando a mastigabilidade mais baixa para o pão experimental enriquecido com fibras, que foi 31% superior à do controlo 167,93 (Quadro 9, Fig. 6D).

Este fenómeno assemelha-se a um trabalho académico anterior que demonstrou um aumento da qualidade da mastigação dos pães com a inclusão de fibra de alcachofra. A mastigação, neste contexto, serve como um indicador da quantidade de energia necessária para mastigar os alimentos até obter uma consistência adequada para a deglutição. Os resultados do presente estudo revelaram uma associação positiva entre a mastigação e a dureza, o que significa que, à medida que a dureza do pão aumentava, também aumentava a sua mastigação. Por outro lado, foi observada uma correlação negativa entre a mastigabilidade e a coesividade. Uma investigação anterior revelou que a incorporação de fibras de vagens de ervilha e de favas no pão resultava numa maior mastigabilidade em comparação com o pão sem estas fibras **(Fuentes-Zaragoza *et al.*, 2010a; Salinas e Puppo, 2015; Fendri *et al.*, 2016)**.

O modelo de superfície ajustado para o carácter mastigável é dado pela seguinte equação

$$\text{Mastigabilidade} = 199{,}281 + 3{,}721\ X_1 + 0{,}047\ X_2 + 0{,}017\ X_1^2 - 0{,}001\ X_1 X_2 + X_2^2 \quad R^2 = 99{,}21\%$$

Uma redução notável da propriedade de elasticidade tem sido associada ao declínio da elasticidade do miolo, como referido por (**Onyango, *et al.*, 2011**) . É importante salientar que, quando a adição de AIR-BP é introduzida em níveis mais elevados de substituição de proteínas (PS), leva a um aumento da presença de compostos de fibra alimentar. Este aumento de compostos de fibra alimentar pode potencialmente ter o efeito de diminuir a formação de ligações dissulfureto durante o processo de mistura. Consequentemente, esta redução na formação de ligações dissulfureto teria um impacto direto na elasticidade do glúten, resultando num menor nível de elasticidade do pão quando comparado com o controlo. De facto, o pão experimental enriquecido com fibras apresentou um menor grau de elasticidade, variando entre 2% e 23% menos do que o pão de controlo. Esta diminuição significativa da elasticidade pode ser observada na Tabela 9 e na Figura 6E. Além disso, vale a pena notar que existe uma correlação negativa substancial entre o grau de elasticidade e os factores experimentais do nível de AIR-BP e do seu PS. Além disso, quando se examina o caso específico do pão experimental enriquecido com fibras contendo 20% de AIR-BP a um PS de 170 μm, pode observar-se que teve o valor mais baixo de elasticidade do miolo de 0,329, em comparação com o pão de controlo com um valor de 0,427. Esta informação pode ser consultada na (Tabela 9 e Figura 6E).

O modelo de superfície ajustado para a elasticidade é dado pela seguinte equação:

$$\text{Primaverilidade} = 0,394 + 0,002\ X_1 + X_2 - X_1^2 - X_1\ X_2 - 3,945\ X_2^2 \quad R^2 = 98,72$$

A cor é considerada um parâmetro de qualidade altamente significativo e vital quando se trata de produtos alimentares. É inegável que quaisquer alterações potenciais na cor teriam, sem dúvida, um impacto profundo nas propriedades organolépticas gerais do produto alimentar em particular, especificamente no pão experimental enriquecido com fibras. A fim de obter uma compreensão abrangente da medida em que a cor pode variar (Tabela 9 e Fig. 7), é fornecida uma representação detalhada das variações observadas nos valores L^*, a^* e b^*. Esta variação na cor é especificamente observada em relação às diferentes porções de AIR-BP em diferentes tamanhos de partículas dentro da formulação do pão experimental enriquecido com fibras. Após uma análise cuidadosa da (Tabela 9), torna-se evidente que a cor da côdea dos pães pode ser analisada e avaliada através do exame dos valores de L^*, a^* e b^*.

L^* mediu a luminosidade do pão experimental enriquecido com fibras, em que quanto maior a porção de AIR-BP adicionada e o tamanho elevado das partículas, mais escuro foi observado o pão experimental enriquecido com fibras. O pão experimental enriquecido com fibras mais escuro (42,71) foi observado para o pão experimental enriquecido com fibras que continha 20% de pó de AIR-BP com um tamanho de partícula de 170 μm, enquanto o mais claro (50,62) foi observado para o pão experimental enriquecido com fibras que continha 3% de pó de AIR-BP com um tamanho de partícula de 170 μm contra o controlo (51,57) (Quadro 9 e Fig. 7A)

Para o a^*, que mede o grau de vermelhidão (+) a verde (-). Todos os pães experimentais enriquecidos com fibras tendem a ser vermelhos. Quanto maior a porção de AIR-BP adicionada e menor o tamanho das partículas, maior a vermelhidão do pão experimental enriquecido com fibras. O valor mais elevado de a (8,18) foi observado para o pão com 20% de pó de AIR-BP com um tamanho de partícula de 170 μm, enquanto o valor mais baixo de a (9,61) foi observado para o pão com 3% de pó de AIR-BP com um tamanho de partícula de 170 μm, em comparação com o controlo (11,05) (Tabela 9 e Figura 7B).

O valor de b^* representa o amarelo (+) para azul (-). Foi possível notar que, à medida que a porção de AIR-BP e o aumento do seu tamanho de partícula diminuíram, foi observada uma elevada quantidade de amarelecimento dos pães. O valor b mais elevado (23,68) foi obtido para o pão experimental enriquecido com fibras contendo 20% de pó de AIR-BP com um tamanho de partícula de 170 µm, em comparação com o controlo (18,81) (Tabela 9 e Figura 7C)

O modelo de regressão empírico da avaliação do *L, a* e *b* versus AIR--BP e PS é dado pela seguinte equação:

$L^* = 52{,}998 - 0{,}505\ X_1 - 0{,}007\ X_2 + 0{,}001X_1^2 + X_1\ X_2 - X_2^2\ R^2 = 97{,}84\%$

$a^* = 9{,}806 - 0{,}168\ X_1 + 0{,}001\ X_2 + 0{,}004X_1^2 - X_1\ X_2 + X_2^2\ R^2 = 98{,}81\%$

$b^* = 21{,}959 - 0{,}033\ X_1 - 0{,}002\ X_2 + 0{,}007\ X_1^2 - X_1\ X_2 + X_2^2\ R^2 = 99{,}59\%$

Em relação às alterações de cor ΔE, é de salientar que o pão experimental enriquecido com fibras apresenta modificações significativas de cor como consequência de possuir uma quantidade comparativamente substancial de AIR-BP e um tamanho de partícula elevado. É de suma importância destacar que o pão contendo 20% de pó de AIR-BP com um tamanho de partícula de 170 µm demonstrou a alteração de cor mais considerável, que foi de 10,51. Inversamente, o pão que continha 3% de pó de AIR-BP com um tamanho de partícula de 170 µm apresentou a alteração de cor menos percetível, com um valor de 3,25. É fundamental sublinhar que estes resultados podem ser corroborados pela consulta do quadro 9 e da figura 7D

O modelo de superfície ajustado para o ΔE é dado pela seguinte equação:

$\Delta E = 58.910 - 0.510X_1 - 0.007X_2 + 0.006\ X + X_1{}^2{}_1\ X_2 + X_2^2\ R^2 = 97.60\%$

A análise da textura do pão experimental enriquecido com fibra foi efectuada utilizando o método de análise do perfil de textura. Esta técnica permitiu a medição de vários parâmetros que contribuem para a textura global do pão experimental enriquecido com fibras, incluindo dureza, coesividade, mastigabilidade e elasticidade. Os resultados obtidos para estes parâmetros de análise encontram-se na Tabela (9), fornecendo uma visão abrangente das caraterísticas de textura do pão experimental enriquecido com fibras.

4.3.3 Avaliação sensorial do pão enriquecido com fibras

A avaliação sensorial é um método que permite medir, analisar e interpretar, de forma direta e precisa, as reacções que os clientes têm em relação aos produtos, nomeadamente quando estas reacções são percebidas pelos sentidos. Este método é utilizado para verificar se existem ou não diferenças perceptíveis entre vários produtos, qual é exatamente a base dessas diferenças e se um produto é ou não mais valorizado do que outro. No caso da experiência em apreço, foram escolhidas 25 pessoas para servirem de painelistas. Estes membros do painel receberam instruções para testar amostras do pão de controlo e do pão experimental enriquecido com fibras. Durante este teste, os membros do painel foram incumbidos de classificar vários atributos das amostras numa escala de 1 a 9.

Os atributos avaliados foram a cor, o sabor, o aroma, a textura e a aceitabilidade global. Os resultados deste teste hedónico, que foi realizado para avaliar as preferências dos participantes no painel, foram posteriormente registados e apresentados na Tabela (10) e na Fig. (8). Os dados apresentados nestes quadros e nestas figuras demonstram que, no que diz respeito às diferentes caraterísticas sensoriais medidas, o pão de controlo obteve a pontuação mais elevada em termos de aceitabilidade global.

Como demonstrado na Tabela 10, pode-se observar que as caraterísticas organolépticas gerais foram notavelmente afetadas pela presença de AIR-BP e seu PS, como evidenciado pela diferença estatística significativa ($P<0,05$).

De uma forma geral, os resultados mostraram que existe uma relação negativa entre as variáveis em estudo e as propriedades sensoriais que foram quantificadas. No entanto, é importante salientar que esta relação é particularmente notória no caso da adição de AIR-BP, enquanto que o impacto da dimensão das partículas não atingiu significado estatístico.

Em relação à cor, esta foi significativamente ($P<0,05$) afetada de forma inversa pelas variáveis experimentais, uma vez que ao aumentar o nível de incorporação de AIR-BP, a aceitação da cor diminuiu. Entre os pães experimentais enriquecidos com fibras, o pão feito com 3% de AIR-BP com PS de 170 μm obteve a maior pontuação de preferência (8,27), enquanto o pão experimental enriquecido com fibras feito com 20% de AIR-BP com PS de 170 μm obteve a menor pontuação de preferência (6,30) (Tabela 10 e Fig.8A).

O modelo de regressão empírico da avaliação da cor versus AIR-BP e PS é dado pela seguinte equação:

$$Cor = 8,130 - 0,007\ X_1 - X_2 - 0,001\ X_1^2 - X_1\ X_2 + X_2^2 \quad R^2 = 89,39\%$$

O sabor e o aroma foram afectados negativamente pelo nível de incorporação de AIR-BP, conforme indicado pelos resultados. Entre os pães experimentais enriquecidos com fibra, a pontuação de preferência foi mais elevada (8,21 e 8,46, respetivamente) para o pão experimental enriquecido com fibra feito com 3% de AIR-BP a um PS de 170μm. Por outro lado, a pontuação de preferência foi mais baixa (5,86 e 5,84, respetivamente) para o pão experimental enriquecido com fibras feito com 20% de AIR-BP a um PS de 170 µm (Tabela 10 e Fig. 8 B, C).

O modelo de superfície ajustado para o sabor e o aroma é dado pela seguinte equação

Sabor = $8{,}413-0{,}125X_1 -0{,}001X_2 +0{,}004 X_1^2 + X_1 X_2 + X_2^2$ R^2 =86,25%

Aroma = $8{,}274-0{,}062X +X_{12} +0{,}002X_1^2 - X X_{12} -7{,}278 X_2^2$ R^2 = 94,48%

É de salientar que o aumento da proporção de AIR-BP incluída contribui para uma escalada no nível de dureza e compacidade das migalhas de pão, o que não é um atributo desejável para os consumidores. Relativamente ao aspeto da textura, os resultados indicam que o pão experimental enriquecido com fibras que incorpora 3% de pó de AIR-BP com um tamanho de partícula de 170 µm possui o maior grau de aceitação (7,01). Entretanto, o pão experimental enriquecido com fibras que contém 20% de pó de AIR-BP com um tamanho de partícula de 170 µm apresenta um nível de aceitabilidade inferior (5,33) (Quadro 10 e Fig. 8D)

Tabela (10): Propriedades sensoriais do pão experimental enriquecido com fibras

Sensory attributes	Control	X1=12 g/100g WF & X2=170µm	X1=18 g/100g WF & X2=78µm	X1=3 g/100g WF & X2=170µm	X1=18 g/100g WF & X2=262µm	X1=6 g/100g WF & X2=262µm	X1=12 g/100g WF & X2=300µm	X1=6 g/100g WF & X2=78µm	X1=12 g/100g WF & X2=40µm	X1=20 g/100g WF & X2=170µm
Color	8.80 ± 1.32^{a}	7.48 ± 1.46^{e}	7.38 ± 1.30^{f}	8.27 ± 0.16^{b}	6.88 ± 1.37^{g}	7.84 ± 1.75^{c}	7.38 ± 1.16^{f}	7.86 ± 1.48^{c}	7.58 ± 1.37^{d}	6.30 ± 1.55^{h}
Taste	8.85 ± 1.08^{a}	7.32 ± 1.07^{f}	7.25 ± 1.67^{g}	8.21 ± 1.62^{b}	6.50 ± 1.94^{h}	7.77 ± 1.13^{d}	7.25 ± 1.50^{g}	7.82 ± 0.37^{c}	7.61 ± 1.75^{e}	5.86 ± 1.46^{i}
Aroma	8.85 ± 1.08^{a}	7.75 ± 1.22^{e}	7.70 ± 1.63^{f}	8.46 ± 1.75^{b}	6.45 ± 1.09^{g}	8.08 ± 1.28^{c}	7.70 ± 1.08^{f}	8.10 ± 1.11^{c}	7.86 ± 1.08^{d}	5.84 ± 1.06^{h}
Texture	8.60 ± 1.06^{a}	6.48 ± 1.08^{f}	6.39 ± 1.37^{g}	7.01 ± 1.46^{b}	5.64 ± 1.29^{h}	6.68 ± 1.45^{d}	6.39 ± 1.40^{g}	6.88 ± 1.08^{c}	6.60 ± 1.90^{e}	5.33 ± 1.50^{i}
Overall acceptability	8.90 ± 1.82^{a}	7.94 ± 1.27^{e}	7.88 ± 0.37^{f}	8.49 ± 0.81^{b}	7.31 ± 1.13^{g}	8.19 ± 0.94^{c}	7.88 ± 0.37^{f}	8.21 ± 0.75^{c}	8.02 ± 0.35^{d}	6.87 ± 1.23^{h}

Values are expressed as mean ± SD of three replicates

Means within a row with different superscript letters are significantly different at level of $P< 0.05$

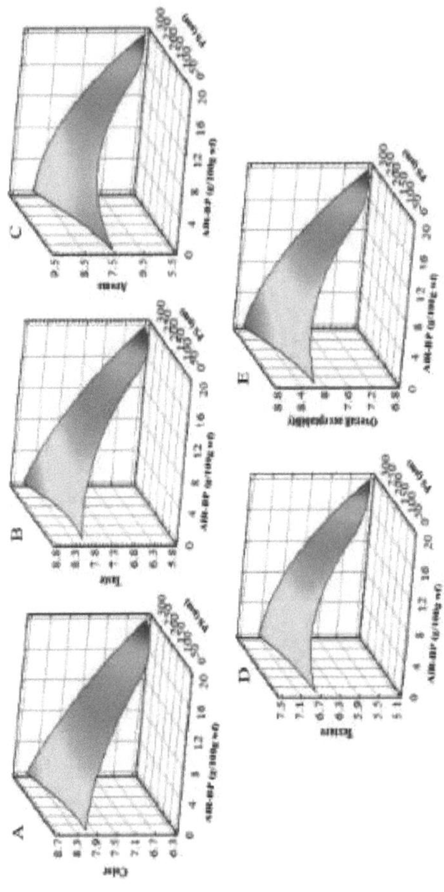

Fig. (8): Gráficos de superfície de resposta da interação de AIR-BP e PS nas propriedades sensoriais do pão experimental enriquecido com fibras: A) Cor, B), Sabor, C) Aroma, D) Textura e E) Aceitabilidade global

O modelo de superfície ajustado para a textura é dado pela seguinte equação:

Textura = 6,796 + 0,052 X_1 - X_2 - 0,003 X -X X +$X_1{}^2{}_{122}{}^2$ ^{2} R= 92,76%

A aceitabilidade global do pão experimental enriquecido com fibras é apresentada no (Quadro 10 e Fig.8E). O pão enriquecido com fibras fabricado com 3% de AIR-BP a 170 µm; o pão enriquecido com fibras fabricado com 6% de AIR-BP a 78 µm; o pão enriquecido com fibras fabricado com 6% de AIR-BP a 262 µm e o pão enriquecido com fibras fabricado com 12% de AIR-BP a 40 µm obtiveram a maior aceitabilidade global (pontuação de 8,49, 8,21, 8,19 e 8,02, respetivamente).

A conclusão da avaliação sensorial sugeriu que o pão enriquecido com fibra com 12% de AIR-BP a 170 µm; o pão enriquecido com fibra feito com 18% de AIR-BP a 78 µm; o pão enriquecido com fibra feito com 12% de AIR-BP a 300 µm e o pão enriquecido com fibra feito com 18% de AIR-BP a 262 µm foram muito apreciados (7,94, 7,88 e 7,31, respetivamente). O pão enriquecido com fibras fabricado com 20% de AIR-BP a 170 µm foi apreciado moderadamente (6,87) (Quadro 10 e Fig. 8E).

5. RESUMO E CONCLUSÃO

Com o objetivo de produzir pão enriquecido com fibras, o presente estudo examinou a possibilidade de utilizar um resíduo rico em fibras isolado dos resíduos da transformação da casca da banana para aumentar o teor total de fibras alimentares de alguns produtos de cereais selecionados. Um modelo experimental utilizando o método de superfície de resposta permitiu determinar a condição óptima, tendo em conta as variáveis experimentais do estudo (a quantidade de AIR-BP adicionada e o seu PS), e o resultado foi uma imagem composta que poderia ser recomendada para o sector industrial para adoção à escala comercial.

Este estudo foi realizado para atingir os seguintes objectivos:

1. Investigar as propriedades químicas, físicas e funcionais do resíduo insolúvel em álcool do subproduto do processamento da batata (AIR-BP) em diferentes níveis de tamanho de partícula.
2. Avaliar as propriedades reológicas e termomecânicas dos compósitos experimentais de massa enriquecida com fibras
3. Determinar as propriedades químicas, físicas e sensoriais do pão enriquecido com fibras

Parte 1

1. A quantidade de AIR-BP obtida a partir de resíduos do processamento da casca de banana foi determinada em 57,35 g/100g

2. O teor total de fibra alimentar foi responsável pela AIR-BP (77,24 - 79,62 g/100g) em comparação com a farinha de trigo (2,31 g/100g).
3. Observa-se que com a diminuição do PS de 300 para 40 µm, o teor total de fibra alimentar diminuiu de 79,62 para 77,24 g/100g, respetivamente.
4. A IDF diminuiu de 55,78 para 47,24 g/100g, com a PS reduzida de 300 para 40 µm. Por outro lado, a fração solúvel aumentou de 23,84 para 30,00 g/100 g quando a PS diminuiu de 300 para 40 µm.
5. A energia mais baixa produzida a partir do AIR-BP foi registada no PS de 300 µm (63,89 kcal/100 g), em comparação com a farinha de trigo (385,65 kcal/100 g (
6. As provas indicam claramente que, à medida que o tamanho das partículas aumenta de 40 para 300 µm, a capacidade de retenção de água (WHC) do AIR-BP apresenta um aumento significativo e digno de nota ($P<0,05$). Este aumento foi aproximadamente 31-36% superior ao da BP
7. observou-se que o AIR-BP também apresentava uma notável capacidade de inchaço (SW) em comparação com o BP ($P<0,05$). À medida que o tamanho das partículas aumentava de 40 para 300 µm, a capacidade de inchamento do AIR-BP era aproximadamente 11-20% superior à do BP
8. Além disso, a AIR-BP caracterizou-se por baixas CCE nos PSs experimentais, que diminuíram significativamente com a diminuição dos PSs, mas, em geral, os valores de CCE para a AIR-BP, que exibem 1,50-1,82 ml/g, foram superiores aos da farinha BP (1,06 ml/g).

9. Os resultados mostram um aumento notável (P<0,05) nos níveis de luminosidade e amarelamento na amostra AIR-BP em comparação com a amostra BP, com magnitudes que atingem aproximadamente 1,5-2 e 1,7-2,3 vezes mais, respetivamente, quando o tamanho da partícula (PS) é reduzido de 300 para 40 µm. Por outro lado, observa-se uma redução evidente nos valores de vermelhidão, com uma diminuição que varia de aproximadamente 1,02-0,67 vezes para a gama de PS acima mencionada.
10. Os resultados revelaram que houve um aumento significativo (P<0,05) na densidade aparente do AIR-BP à medida que o tamanho das partículas (PS) diminuía. Especificamente, a densidade aparente exibiu uma tendência ascendente, aumentando de 328,12 a um PS de 300 µm para 355,46 a um PS de 40 µm
11. Os resultados também revelam uma escalada notável na densidade de batida para o AIR-BP, à medida que o PS diminui de 300 para 40µm, com valores que variam de 403,21 a 412,77
12. Os resultados demonstraram que o índice Carr do AIR-BP apresenta valores de 13,88, 16,03, 15,99, 17,65 e 18,62 (indicando uma boa fluidez) para partículas de PS de 40, 78, 170, 262 e 300 µm, respetivamente.
13. Em relação à relação de hausner, observa-se que o pó AIR-BP com um tamanho de partícula (PS) de 300 e 262µm apresenta caraterísticas de coesão intermédia, que diminuem gradualmente à medida que o PS diminui de 170 para 40 µm.

Parte 2

14. A análise de variância mostrou que a absorção de água da massa experimental aumentou significativamente (P<0,05) com o aumento da porção de AIR-BP e seu PS, variando de 63,22 a 67,78%. O maior WA foi encontrado na massa com 20% de AIR-BP e PS de 170 μm sendo (67,78%) contra a massa de controlo (58,45%).
15. A análise de variância mostrou que à medida que o nível de adição de AIR-BP e PS aumentava, o DDT aumentava (P<0,05). O DDT para a massa experimental variou entre 2,00 e 4,00 min contra o controlo (1,00 min). O maior DDT (4,00 min) foi observado para a fórmula contendo 20% de AIR-BP e PS de 170 μm
16. Os resultados mostraram que a incorporação de AIR-BP em PS mais elevados reduziu o tempo de estabilidade da massa. O DST foi drasticamente reduzido (P<0,05) em cerca de 67 a 80% menos do que o controlo. O menor DST (2,00 min) foi observado para a massa formulada com 20% de AIR-BP e tamanho de partícula de 170 μm.
17. A análise de variância mostrou um aumento no enfraquecimento da massa à medida que o AIR-BP e o PS incorporados aumentavam. O grau mais elevado de enfraquecimento da massa foi observado durante a adição de 3,00% de AIR-BP e tamanho de partícula de 170 μm (115,00 UN) contra o controlo (50,00 UN).
18. À medida que o AIR-BP aumentava com PS elevados, o PT aumentava significativamente (P<0,05). O PT mais baixo foi observado para o controlo (63,25°C), que aumentou

consideravelmente em cerca de 4% para a fórmula que contém 20% de AIR-BP com PS de 170 μm (65,59°C).

19. Quanto mais elevado for o AIR-BP a um PS elevado, maior será o PV. O PV mais baixo (734 B.U) foi obtido para a massa de controlo. As formulações experimentais de massa enriquecida com fibras com AIR-BP de 20% em PS de 170 μm (890 B.U) tiveram o valor mais alto de PV. Entretanto, o VP mais baixo (784 B.U) foi obtido para a formulação experimental de massa enriquecida com fibras formulada com AIR-BP de 3% a PS de 170 μm
20. O valor mais elevado de FV (1062 U.B.) é atribuído à massa experimental formulada com AIR-BP de 20 % a PS de 170 μm contra o controlo (913 U.B.)
21. A maior resistência à quebra foi registada para o controlo (502 BU), que diminui cerca de 3 a 14% para as massas experimentais. O BDV mais baixo (434 B.U) foi observado para a massa experimental enriquecida com fibras formulada com AIR-BP de 20 % a PS de 170 μm
22. O valor mais elevado de SBV (342 B.U) foi observado para a massa experimental formulada com AIR-BP de 3% a PS de 170 μm em comparação com o controlo (323 B.U)
23. Os resultados mostraram que as temperaturas de transição de gelatinização de To, Tp e Tc aumentaram drasticamente ($P<0,05$) de 63,81 para 65,75°C; 65,77 para 68,46°C e de 67,75 para 71,88°C, respetivamente, na formulação da massa experimental com o aumento dos níveis de substituição da farinha de trigo por AIR-BP e PS em

comparação com o CP (61,59, 66,18 e 70,46°C, respetivamente).

24. Os resultados do estudo indicaram que o valor de entalpia (ΔH) apresentou um aumento estatisticamente significativo ($P < 0,05$) à medida que os níveis de incorporação de AIR-BP em PS mais elevados aumentaram. Este aumento dos valores de entalpia variou entre 0,82 e 2,05 J/g, em comparação com o controlo, que apresentou um valor de entalpia de 0,61 J/g
25. A resistência da extensibilidade diminuiu de 306,50 B.U para o controlo. Posteriormente, atingiu o valor máximo entre as amostras experimentais (696,50 B.U) para a massa experimental que foi preparada com a adição de 20% de AIR-BP a um tamanho de partícula de 170 micrómetros.
26. A massa experimental enriquecida com fibras que foi preparada com a adição de 3% de AIR-BP com um tamanho de partícula de 170 μm apresentou o valor mais baixo para a resistência de extensibilidade (312,50 B.U). Este valor foi estimado como sendo aproximadamente 2% superior ao do controlo.
27. O número proporcional apresentou um aumento notável de 4 - 293% em comparação com o controlo. É de salientar que o valor mais elevado do número proporcional i (6,27) foi obtido para a massa experimental contendo 20% de AIR-BP com um tamanho de partícula de 170 μm em comparação com o controlo (1,60).
28. A massa experimental enriquecida com fibras, que continha 20% de AIR-BP com um tamanho de partícula de 170 μm,

apresentou o valor de Extensibilidade mais baixo, especificamente 111,00 mm. Por outro lado, a massa experimental enriquecida com fibra que incluía 3% de fibra com um tamanho de partícula de 170 µm apresentou o valor mais elevado de Extensibilidade entre as amostras experimentais, ascendendo a 179,00 mm. É de salientar que todos estes valores foram inferiores ao valor de controlo de 192,00 ml.

Parte 3

1. O pão enriquecido com fibra feito com 20% de AIR-BP e um PS de 170 µm apresenta o teor de humidade mais elevado, medindo 7,11 g/100g. Em contrapartida, o pão de controlo tem um teor de humidade de 6,31 g/100g.
2. O pão enriquecido com fibras feito com 20% de AIR-BP e PS 170 µm foi a mistura com menor teor de proteínas e gorduras (21,85 e 2,47) em comparação com o controlo (22,59 e 2,13, respetivamente).
3. O teor médio de cinzas do pão experimental enriquecido com fibras foi de 2,42 g/100g.
4. O teor de TDF do pão experimental enriquecido com fibras apresentou uma gama de valores, começando com 8,88% para o pão feito com 3% de AIR-BP a um tamanho de partícula (PS) de 170 µm, e atingindo o teor mais elevado de 13,72% para o pão feito com 20% de AIR-BP a um PS de 170 µm. Este valor mais elevado é cerca de 8 vezes superior ao do pão de controlo, que apresenta um teor de TDF de 1,94.
5. Observou-se uma diminuição significativa do teor de hidratos de carbono solúveis com uma percentagem elevada de adição

de AIR-BP e um tamanho de partícula elevado, uma vez que o teor de hidratos de carbono solúveis diminuiu cerca de 11-18% em relação ao controlo. O pão enriquecido com fibra feito com 3% de AIR-BP e PS de 170 µm foi o pão enriquecido com fibra com o teor mais baixo de hidratos de carbono solúveis (53,15) em comparação com o controlo (60,15).

6. À medida que a percentagem de AIR-BP adicionada a um tamanho de partícula elevado aumenta. O pão experimental enriquecido com fibras preparado com 20% de AIR-BP e um tamanho de partícula de 170 µm apresenta o volume específico de pão mais baixo, 1,53, em comparação com o volume específico de pão de controlo, 2,29.
7. O pão experimental enriquecido com fibra mais escuro (42,71) foi observado para o pão experimental enriquecido com fibra contendo 20% de pó de AIR-BP com um tamanho de partícula de 170 µm, enquanto que o mais claro (50,62) foi observado para o pão experimental enriquecido com fibra contendo 3% de pó de AIR-BP com um tamanho de partícula de 170 µm contra o controlo (51,57).
8. Para o a*, que mede o grau de vermelhidão (+) a verde (-). Todos os pães experimentais enriquecidos com fibras tendem a ser vermelhos. O valor mais elevado de a (8,18) foi observado para o pão com 20% de pó de AIR-BP com um tamanho de partícula de 170 µm, enquanto o valor mais baixo de a (9,61) foi observado para o pão com 3% de pó de AIR-BP com um tamanho de partícula de 170 µm, em comparação com o controlo (11,05).

9. O valor de b* representa a coloração amarela (+) a azulada (-). O valor b mais elevado (23,68) foi obtido para o pão experimental enriquecido com fibras contendo 20% de pó AIR-BP com um tamanho de partícula de 170 µm, em comparação com o controlo (18,81).
10. O pão que continha 20% de pó de AIR-BP com um tamanho de partícula de 170 µm registou a alteração de cor mais significativa, com um valor de 10,51. Inversamente, o pão que continha 3% de pó de AIR-BP com um tamanho de partícula de 170 µm apresentou a alteração de cor menos percetível, com um valor de 3,25.
11. A dureza do pão experimental enriquecido com fibras variou entre 1874,48 e 1924,54, dependendo da formulação que continha diferentes proporções de pó de AIR-BP com um tamanho de partícula de 170 µm, em comparação com o controlo (1476,69).
12. Os resultados mostraram que, quando se utilizou 20% de AIR-BP a uma PS de 170 µm, a mastigabilidade do pão experimental enriquecido com fibras foi o valor mais elevado obtido (290,34), tendo diminuído para 219,18 quando se adicionou 3% de AIR-BP a uma PS de 170 µm, o que representa a mastigabilidade mais baixa para o pão experimental enriquecido com fibras, que foi 31% superior à do controlo (167,93)
13. A coesividade do pão experimental enriquecido com fibras diminuiu significativamente ($p<0,05$) com o aumento da porção de AIR-BP em PS mais elevados. A coesividade do pão de controlo foi de 0,302. Após a adição de 20% a um PS

de 170 μm, a coesividade diminuiu cerca de 13% em relação ao controlo, sendo de 0,262.

14. O pão experimental enriquecido com fibras apresentou um menor grau de elasticidade, variando entre 2% e 23% menos do que o pão de controlo.
15. Pode observar-se que as caraterísticas organolépticas globais foram afectadas de forma notável pela presença de AIR-BP e do seu PS, como evidenciado pela diferença estatística significativa ($P<0,05$).
16. De uma forma geral, os resultados mostraram que existe uma relação negativa entre as variáveis em estudo e as propriedades sensoriais que foram quantificadas. No entanto, é importante salientar que esta relação é particularmente notória no caso da adição de AIR-BP, enquanto que o impacto da dimensão das partículas não atingiu significância estatística.
17. A aceitabilidade global do pão experimental enriquecido com fibras é apresentada no (Quadro 10 e Fig.16E). O pão experimental enriquecido com fibras feito com 3% de AIR-BP a 170 μm; o pão experimental enriquecido com fibras feito com 6% de AIR-BP a 78 μm; o pão experimental enriquecido com fibras feito com 6% de AIR-BP a 262 μm e o pão experimental enriquecido com fibras feito com 12% de AIR-BP a 40 μm receberam a maior aceitabilidade global (pontuação de 8,49, 8,21, 8,19 e 8,02, respetivamente).
18. O pão experimental enriquecido com fibras feito com 12% de AIR-BP a 170 μm; o pão experimental enriquecido com fibras feito com 18% de AIR-BP a 78 μm; o pão

experimental enriquecido com fibras feito com 12% de AIR-BP a 300 µm e o pão experimental enriquecido com fibras feito com 18% de AIR-BP a 262 µm agradaram muito (7,94, 7,88 e 7,31, respetivamente). O pão experimental enriquecido em fibras com 20% de AIR-BP a 170 µm foi apreciado moderadamente (6,87).

6. REFERÊNCIAS

AACC (2010). Associação Americana de Químicos de Cereais: Métodos aprovados da AACCI. St. Paul, MN:. Associação Americana de Químicos de Cereais.

Abdul-Hamid, A. e Luan, Y.S. (2000). Propriedades funcionais da fibra alimentar preparada a partir de farelo de arroz desengordurado. Food Chemistry, 68(1): 15-19.

Adams, V., Ragaee, S., Goff, H.D. e Abdel-Aal, E.S.M. (2017a). Propriedades dos arabinoxilanos em massa congelada enriquecida com fibra de trigo. Cereal Chemistry, 94(2): 242-250.

Adams, V., Ragaee, S., Goff, H.D. e Abdel-Aal, E.S.M. (2017b). Propriedades dos arabinoxilanos em massa congelada enriquecida com fibra de trigo. J Cereal Chemistry, 94(2): 242-250.

Agama-Acevedo, E., Sañudo-Barajas, J., Vélez De La Rocha, R., González-Aguilar, G. e Bello-Perez, L. A. (2016). Potencial da farinha de cascas de banana (*Musa paradisiaca* L.) como fonte de fibra alimentar e composto antioxidante. CyTA-Journal of Food, 14 (1): 117-123.

Agrahar-Murugkar, D., Gulati, P., Kotwaliwale, N. e Gupta, C.J. (2015). Avaliação das caraterísticas nutricionais, texturais e de tamanho de partícula de massa e biscoitos feitos de farinhas compostas contendo ingredientes germinados e maltados. Journal of Food Science, 52: 5129-5137.

Ahmad, J. e Langrish, T. (2012). Otimização da extração de ácidos fenólicos totais de cascas de tangerina utilizando energia de micro-ondas: A importância da reação de Maillard. Journal of Food Engineering, 109 (1): 162-174.

Ahmed, J. e Thomas, L. (2015). Efeito do concentrado de β-glucano na absorção de água, propriedades reológicas e texturais da massa de farinha de trigo. International Journal of Food Properties, 18 (8): 1801-1816.

Ahmed, J. e Thomas, L. J. L. (2018). Efeito da goma xantana e guar nas propriedades de colagem, viscosidade e extensão de massas compostas de farinha de trigo integral / β-glucano. LWT-Ciência e Tecnologia Alimentar, 87: 443-449.

Ajila, C., Leelavathi, K. e Rao, U.P. (2008a). Melhoria do teor de fibra alimentar e das propriedades antioxidantes em biscoitos de massa mole com a incorporação de pó de casca de manga. Journal of Cereal Science, 48(2): 319-326.

Ajila, C., Leelavathi, K. e Rao, U.P. (2008b). Melhoria do teor de fibra alimentar e das propriedades antioxidantes em biscoitos de massa macia com a incorporação de pó de casca de manga. cereal Science, 48(2): 319-326.

Anil, M. (2012a). Efeitos da suplementação com farelo de trigo, farelo de milho, farelo de arroz e farelo de aveia nas propriedades da pide. Journal of Food Processing, 36 (3): 276-283.

Anil, M. (2012b). Efeitos da suplementação com farelo de trigo, farelo de milho, farelo de arroz e farelo de aveia nas propriedades da pide. Journal of Food Processing and Preservation, 36(3): 276-283.

AOAC (2012). Associação de Químicos Analíticos: AOAC: Washington, DC, EUA.

Aravind, N., Sissons, M., Egan, N. e Fellows, C. (2012). Efeito da adição de fibra alimentar insolúvel nas propriedades tecnológicas, sensoriais e estruturais do esparguete de trigo duro. Journal of Food Chemistry,130(2): 299-309.

Arranz, S., Saura-Calixto, F., Shaha, S. e Kroon, P.A. (2009). Os elevados teores de polifenóis não extractáveis em frutos sugerem que os teores de polifenóis dos alimentos vegetais têm sido subestimados. Journal of Agricultural and Food Chemistry, 57 (16): 7298-7303.

Arun, K., Madhavan, A., Sindhu, R., Binod, P., Pandey, A., Reshmy, R. e Sirohi, R. (2020). Remodelação de resíduos agro-industriais e alimentares em bioactivos e biopolímeros de valor acrescentado. Industrial Crops and Products, 154: 112621.

Arun, K., Persia, F., Aswathy, P., Chandran, J., Sajeev, M., Jayamurthy, P. e Nisha, P. (2015). Casca de banana-da-terra - uma fonte potencial de fibra dietética antioxidante para o desenvolvimento de biscoitos funcionais. Jornal de Ciência e Tecnologia Alimentar, 52: 6355-6364.

Bader Ul Ain, H., Saeed, F., Khan, M.A., Niaz, B., Khan, S.G., Anjum, F. M., Tufail, T. e Hussain, S. (2019). Estudo comparativo de tratamentos químicos em combinação com extrusão para a conversão parcial de fibra insolúvel de trigo e sorgo em solúvel. Ciência e Nutrição Alimentar, 7(6): 2059-2067.

Bartell, C., Anyieni, A. e Guo, G. (2022). O Farinógrafo como uma ferramenta para operações de moagem de trigo: Usos actuais e potenciais, The Farinograph Handbook: 73-80: Elsevier.

Behera, S., Indumathi, K., Mahadevamma, S. e Sudha, M. (2013). Bolos de óleo - um subproduto da indústria agrícola como fortificante em produtos de panificação. Jornal Internacional de Ciências Alimentares e Nutrição, 64 (7): 806-814.

Belghith-Fendri, L., Chaari, F., Kallel, F., Zouari-Ellouzi, S., Ghorbel, R., Besbes, S., Ellouz-Chaabouni, S. e Ghribi-Aydi, D.J. (2016). Vagens de ervilha e fava como fonte natural de fibra alimentar: o impacto na textura e nas propriedades sensoriais do bolo. Journal of Food Science, 81 (10): C2360-C2366.

BeMiller, J.N. (2011). Propriedades de colagem, pasta e gel de combinações de amido-hidrocolóide. Carbohydrate Polymers, 86(2): 386-423.

Bender, A.B., Speroni, C.S., Salvador, P.R., Loureiro, B.B., Lovatto, N.M., Goulart, F.R., Lovatto, M.T., Miranda, M.Z., Silva, L.P. e Penna, N.G. (2017). Cascas de bagaço de uva e os efeitos de sua inclusão nas propriedades tecnológicas de muffins. Journal of Culinary Science and Technology, 15(2): 143-157.

Bender, A.B.B., Speroni, C.S., Moro, K.I.B., Morisso, F.D.P., dos Santos, D.R., da Silva, L.P. e Penna, N.G. (2020). Efeitos da micronização na composição da fibra alimentar, propriedades físico-químicas, compostos fenólicos e capacidade antioxidante do bagaço de uva e seu concentrado de fibra alimentar. LWT-Food Science Technology, 117: 108652.

Bermúdez-Aguirre, D. e Barbosa-Cánovas, G.V. (2011). Uma atualização sobre a alta pressão hidrostática, do laboratório às aplicações industriais. Food Engineering Reviews, 3: 44-61.

Bhat, M.A. e Hafiza, A. (2016). Caraterísticas físico-químicas de biscoitos preparados com pó de bagaço de tomate. Jornal de Processamento e Tecnologia de Alimentos, 7(1).

Bhat, M. A. e Hafiza, A.J. (2016). Caraterísticas físico-químicas de biscoitos preparados com pó de bagaço de tomate. Jornal de Processamento de Alimentos, 7: 1.

Boita, E.R., Oro, T., Bressiani, J., Santetti, G.S., Bertolin, T.E. e Gutkoski, L.C.J. (2016). Propriedades reológicas de massa de farinha de trigo e pão de forma com farelo de trigo. Journal of Cereal Science, 71: 177-182.

Bolek, S. (2020). Pó de caroço de azeitona: Uma fonte potencial de fibra e antioxidante e seu efeito nas caraterísticas reológicas da massa e qualidade do biscoito. Ciência Alimentar Inovadora e Tecnologias Emergentes, 64: 102423.

Borderías, A.J., Sánchez-Alonso, I. e Pérez-Mateos, M. (2005). Novas aplicações das fibras nos alimentos: Adição aos produtos da pesca. Tendências em Ciência e Tecnologia Alimentar, 16 (10): 458-465.

Brito, T., Lima, L., Santos, M., Moreira, R., Cameron, L., Fai, A. e Ferreira, M. (2021). Perfis antimicrobianos, antioxidantes, voláteis e fenólicos de farinhas de couve-brócolo e coroa de ananás revelados por GC-MS e UPLC-MSE. Química Alimentar, 339: 127882.

Bustos, M.C., Ramos, M.I., Pérez, G.T. e Leon, A.E. (2019). Utilização da farinha de Kañawa (*Chenopodium pallidicaule* Aellen) na fabricação de massas. Revista de Química, 2019.

Capurso, A. e Capurso, C. (2020). A via mediterrânica: Porque é que as pessoas idosas devem comer pão de trigo integral - um componente pouco conhecido da dieta mediterrânica e um alimento saudável para adultos idosos. Investigação Clínica e Experimental sobre o Envelhecimento, 32: 1-5.

Carr Jr, R.L. (1965). Avaliação das propriedades de fluxo de sólidos. J Chem. Eng., 18: 163-168.

Castelo-Branco, V.N., Guimarães, J.N., Souza, L., Guedes, M.R., Silva, P.M., Ferrão, L.L., Miyahira, R.F., Guimarães, R.R., Freitas, S.M. L. e Reis, M.C.D. (2017). Utilização da farinha da polpa e da casca da banana verde (*Musa balbisiana*) como ingrediente para massa de tagliatelle. Revista Brasileira de Tecnologia de Alimentos, 20: e2016119.

Chakraborty, I.N.P., Mal, S.S., Paul, U.C., Rahman, M.H. e Mazumder, N. (2022). Uma visão sobre as propriedades de gelatinização que influenciam os amidos modificados utilizados na indústria alimentar: Uma revisão. Tecnologia de Alimentos e Bioprocessos, 15 (6): 1195-1223.

Chau, C.F., Chen, C.H. e Lee, M.H. (2004). Comparação das caraterísticas, propriedades funcionais e efeitos hipoglicémicos in vitro de várias fracções de cenoura ricas em fibras insolúveis. LWT-Food Science Technology, 37 (2): 155-160.

Chau, C.F. e Huang, Y.L. (2003). Comparação da composição química e das propriedades físico-químicas de diferentes fibras preparadas a partir da casca de Citrus sinensis L. Cv. Liucheng. Journal of Agricultural and Food Chemistry, 51(9): 2615-2618.

Chávez-Murillo, C.E., Veyna-Torres, J.I., Cavazos-Tamez, L.M., de la Rosa-Millán, J. e Serna-Saldívar, S.O. (2018). Caraterísticas físico-químicas, interações moleculares ATR-FTIR e digestão in vitro de amido e proteína de farinhas de pulso inteiras tratadas termicamente. Food Research International, 105: 371-383.

Chen, H., Zhao, C., Li, J., Hussain, S., Yan, S. e Wang, Q. (2018). Efeitos da extrusão nas propriedades estruturais e físico-químicas da fibra alimentar solúvel dos nós da raiz de lótus. LWT-Tecnologia da Ciência Alimentar, 93: 204-211.

Chen, Y., Zhao, L., He, T., Ou, Z., Hu, Z. e Wang, K. (2019). Efeitos do pó de casca de manga na digestão do amido e nas caraterísticas de qualidade do pão. Jornal Internacional de Macromoléculas Biológicas, 140: 647-652.

Chen, Y., Zou, H., Liang, M. e Cao, Y. (2014). Comportamento de fusão e cristalização de misturas parcialmente miscíveis de copolímero de polietileno de alta densidade/acetato de vinilo etileno (HDPE/EVA). Thermochimica Ata, 586 : 1-8.

Cheng, L., Zhang, X., Hong, Y., Li, Z., Li, C. e Gu, Z. (2017). Caracterização das propriedades físico-químicas e funcionais da fibra alimentar solúvel da polpa de batata obtida por extração assistida por enzimas. International Journal of Biological Macromolecules, 101: 1004-1011.

Chu, J., Zhao, H., Lu, Z., Lu, F., Bie, X. e Zhang, C. (2019). Propriedades físico-químicas e funcionais melhoradas da fibra alimentar do farelo de milho fermentado por Bacillus natto. Química Alimentar, 294: 79-86.

Cornfine, C., Hasenkopf, K., Eisner, P. e Schweiggert, U. (2010). Influência da modificação química e física na capacidade de ligação aos ácidos biliares da fibra alimentar de tremoços (*Lupinus angustifolius* L.). Food Chemistry, 122(3): 638-644.

Daou, C. e Zhang, H. (2012). Estudo sobre as propriedades funcionais de fibras alimentares fisicamente modificadas derivadas de farelo de arroz desengordurado. Journal of Agricultural Science, 4(9): 85.

de Borba, V.S., Lemos, A.C., Rodrigues, M.H.P., Gropelli, V.M., Cerqueira, M.B.R. e Badiale-Furlong, E. (2022). Miniaturização de métodos espectrofotométricos para determinação de açúcares redutores, amido total e proteínas solúveis em produtos à base de trigo. Food Analytical Methods, 15 (10): 2756-2766.

de Toledo, N.M.V., Nunes, L.P., da Silva, P.P.M., Spoto, M.H.F. e Canniatti-Brazaca, S.G.J.I.J.O.F.S. (2017). Influência de subprodutos de abacaxi, maçã e melão em biscoitos: aspectos físico-químicos e sensoriais. 52(5): 1185-1192.

Deng, L. e Hou, G.G. (2022). Farinograph applications for whole wheat flour: Exploring the influence of circulating water temperature and mixing speed on dough mixing properties in the Farinograph, The Farinograph Handbook: 99-109: Elsevier.

Deng, Y., Liu, Y., Zhang, C., Xie, P. e Huang, L. (2023). Caracterização da fibra dietética solúvel modificada enzimaticamente de frutos de Rhodomyrtus tomentosa: Um ingrediente potencial na redução da acumulação de AGEs. Tecnologia de Alimentos e Bioprocessos, 16(1): 232-246.

Duque, A., Manzanares, P. e Ballesteros, M. (2017). Extrusão como pré-tratamento para biomassa lignocelulósica: Fundamentos e aplicações. Renewable Energy, 114: 1427-1441.

Elleuch, M., Bedigian, D., Roiseux, O., Besbes, S., Blecker, C. e Attia, H. (2011). Fibra alimentar e subprodutos ricos em fibra do processamento de alimentos: Caracterização, funcionalidade tecnológica e aplicações comerciais: A review. Food Chemistry, 124 (2): 411-421.

Elleuch, M., Besbes, S., Roiseux, O., Blecker, C., Deroanne, C., Drira, N.-E., e Attia, H. (2008). Polpa de tâmara: Composição química e caraterísticas da fibra alimentar. Food Chemistry, 111(3): 676-682.

Eshak, N.S. (2016). Avaliação sensorial e valor nutricional do pão achatado balady suplementado com cascas de banana como fonte natural de fibra alimentar. Anais de Ciências Agrárias, 61(2): 229-235.

FAOSTAT (2020). Quantidade de produção de banana-2018. Organização das Nações Unidas para a Alimentação e a Agricultura.

Femenia, A., Lefebvre, A.C., Thebaudin, J.Y., Robertson, J. e Bourgeois, C.M. (1997). Propriedades físicas e sensoriais de alimentos modelo suplementados com fibra de couve-flor. Journal of Food Science, 62 (4): 635 - 639.

Fendri, L.B., Chaari, F., Maaloul, M., Kallel, F., Abdelkafi, L., Chaabouni, S.E. e Ghribi-Aydi, D. (2016).

Enriquecimento do pão de trigo com fibras de ervilha e de vagem de fava: Efeito na reologia da massa e na qualidade do pão. LWT-Food Science Technology, 73: 584-591.

Fidrianny, I., Rizki, K. e Insanu, M. (2014). Atividades antioxidantes *in vitro* de vários extratos de cascas de banana usando ABTS, ensaios DPPH e correlação com conteúdo fenólico, flavonoide e carotenoide. Revista Internacional de Farmácia e Ciências Farmacêuticas, 6(8): 299-303.

Fleury, N. e Lahaye, M. (1991). Caracterização química e físico-química das fibras de Laminaria digitata (kombu bretão): Uma abordagem fisiológica. Journal of the Science of Food and Agriculture, 55 (3): 389-400.

Fuentes-Zaragoza, E., Riquelme-Navarrete, M., Sánchez-Zapata, E. e Pérez-Álvarez, J. (2010a). Amido resistente como ingrediente funcional: A review. Food Research International, 43 (4): 931-942.

Fuentes-Zaragoza, E., Riquelme-Navarrete, M., Sánchez-Zapata, E. e Pérez-Álvarez, J.J. (2010b). Amido resistente como ingrediente funcional: A review. Food Research International, 43(4): 931-942.

Gan, J., Huang, Z., Yu, Q., Peng, G., Chen, Y., Xie, J., Nie, S. e Xie, M. (2020). Extração assistida por micro-ondas com três modificações nas propriedades estruturais e funcionais das fibras dietéticas solúveis da casca de toranja. Food Hydrocolloids, 101: 105549.

Garcia-Amezquita, L.E., Tejada-Ortigoza, V., Pérez-Carrillo, E., Serna-Saldívar, S.O., Campanella, O.H. e Welti-Chanes, J.J.L. (2019). Alterações funcionais e composicionais da fibra de casca de laranja tratada termicamente em uma extrusora dupla. LWT-Food Science Technology, 111: 673-681.

Ghufran Saeed, S., Arif, S., Ahmed, M., Ali, R. e Shih, F. (2009). Influência do farelo de arroz nas propriedades reológicas da massa e no desenvolvimento de novos produtos. Journal of Food Science and Technology, 46(1): 62.

Gidley, M.J. e Yakubov, G.E. (2019). Categorização funcional da fibra alimentar nos alimentos: Para além de 'solúvel' vs 'insolúvel'. Tendências em Ciência e Tecnologia Alimentar, 86: 563-568.

Gill, S.K., Rossi, M., Bajka, B. e Whelan, K. (2021). Fibra dietética na saúde e doença gastrointestinal. Nature Reviews Gastroenterologia e Hepatologia, 18 (2): 101-116.

Gomes, S., Vieira, B., Barbosa, C. e Pinheiro, R. (2022). Avaliação da farinha de casca de banana madura nas propriedades físicas, químicas e de textura de um Rissol sem glúten. Journal of Food Processing and preservation, 46 (8): e14441.

Grigelmo-Miguel, N., Gorinstein, S. e Martín-Belloso, O. (1999). Caracterização do concentrado de fibra dietética de pêssego como ingrediente alimentar. Food Chemistry, 65 (2): 175-181.

Guo, Y., Liu, W., Wu, B., Wu, P., Duan, Y., Yang, Q. e Ma, H. (2018). Modificação da fibra dietética da pele de alho com processo de extrusão de parafuso duplo e avaliação in vivo da ligação de Pb. Química Alimentar, 268: 550-557.

Harini, K., Ramya, K. e Sukumar, M. (2018). Extração de fibras de nano celulose da casca e bráctea da banana para produção de acetil e lauroil celulose. Polímeros de Carboidratos, 201: 329-339.

Hassan, F.A., Ismail, A., Hamid, A.A., Azlan, A. e Al-sheraji, S.H. (2011). Caracterização do pó rico em fibras e capacidade antioxidante das cascas de frutos de Mangifera pajang K. Food Chemistry, 126 (1): 283-288.

Hausner, H.H. (1967). Condições de fricção numa massa de pó metálico: Polytechnic Inst. of Brooklyn. Univ. da Califórnia, Los Angeles.

He, K., Zhang, X., Li, Y., Li, B. e Liu, S. (2020). Fibras dietéticas insolúveis em água de Flammulina velutiper usadas como estabilizadores comestíveis para emulsões Pickering de óleo em água. Food Hydrocolloids, 101: 105519.

Heleno, S.A., Barros, L., Martins, A., Morales, P., Fernandez-Ruiz, V., Glamoclija, J., Sokovic, M. e Ferreira, I.C. (2015). Valor nutricional, compostos bioactivos, atividade antimicrobiana e estudos de bioacessibilidade com cogumelos comestíveis silvestres, LWT-Food Science 63(2): 799-806.

Helmick, H. e Kokini, J.L. (2020). Impacto do etanol, do ácido succínico e da combinação destes em níveis produzidos durante a fermentação da esponja na reologia do farinógrafo de trigo duro, trigo mole e trigo duro. Jornal de Ciência dos Cereais, 96: 103082.

Huang, L., Ding, X., Zhao, Y., Li, Y. e Ma, H. (2018). Modificação da fibra dietética insolúvel da palha de alho com tratamento ultrassónico. Jornal de Processamento e Preservação de Alimentos, 42(1): e13399.

Huang, S., He, Y., Zou, Y. e Liu, Z. (2015). Modificação de fibras alimentares insolúveis em okara de soja e suas propriedades físico-químicas. Jornal Internacional de Ciência e Tecnologia de Alimentos, 50 (12): 2606-2613.

Ismail, K., Ishak, M.A.M., Ab Ghani, Z., Abdullah, M.F., Safian, M.T.U., Idris, S.S., Tahiruddin, S., Yunus, M.F.M. e Hakimi, N. I. N.M. (2013). Pirólise assistida por micro-ondas da casca do palmiste: Otimização usando a metodologia de superfície de resposta (RSM). Renewable Energy, 55: 357-365.

Ismail, T., Akhtar, S., Riaz, M. e Ismail, A. (2014). Efeito da suplementação com casca de romã nas propriedades nutricionais, organolépticas e de estabilidade dos biscoitos. Jornal Internacional de Ciências Alimentares e Nutrição, 65 (6): 661-666.

Jaramillo-Carmona, S., Rodríguez-Arcos, R., Guillén-Bejarano, R. e Jiménez-Araujo, A. (2019). Os tratamentos hidrotérmicos aumentam a solubilidade e as caraterísticas antioxidantes da fibra alimentar dos subprodutos dos espargos. Processamento de Alimentos e Bioprodutos, 114: 175-184.

Jeddou, K.B., Bouaziz, F., Zouari-Ellouzi, S., Chaari, F., Ellouz-Chaabouni, S., Ellouz-Ghorbel, R. e Nouri-Ellouz, O. (2017). Melhoria da textura e propriedades sensoriais dos bolos por adição de pó de casca de batata com alto nível de fibra dietética e proteína. Food Chemistry, 217: 668-677.

Jeng-Leun Mau, Ching-Ching Lee, Chih-Wei Yang, Ru-Wei Chen, Qi-Fang Zhang e Sheng-Dun Lin (2020) . Caraterísticas físico-químicas, antioxidantes e sensoriais de pão parcialmente substituído por partes aéreas de batata-doce. LWT - Ciência e Tecnologia Alimentar 117 (2020) 108602.

Ji, J., Fitzpatrick, J., Cronin, K., Maguire, P., Zhang, H. e Miao, S. (2016). Comportamentos de reidratação de pós lácteos de alta proteína: A influência da aglomeração na molhabilidade, dispersibilidade e solubilidade. Food Hydrocolloids, 58: 194-203.

Jia, M., Chen, J., Liu, X., Xie, M., Nie, S., Chen, Y., Xie, J. e Yu, Q. (2019). Caraterísticas estruturais e propriedades funcionais da fibra alimentar solúvel do farelo de arroz desengordurado obtido através da fermentação de Trichoderma viride. Food Hydrocolloids, 94: 468-474.

Joint, F. e Comissão, F.W.C.A. (2005). Relatório da 27ª sessão do Comité do Codex para a Nutrição e os Alimentos para Usos Dietéticos Especiais, Bona, Alemanha, 21-25 de novembro de 2005.

Kannah, R.Y., Merrylin, J., Devi, T.P., Kavitha, S., Sivashanmugam, P., Kumar, G. e Banu, J.R. (2020). Valorização de resíduos alimentares: Biocombustíveis e recuperação de produtos de valor acrescentado. Bioresource Technology Reports, 11: 100524.

Karra, S., Sebii, H., Yaich, H., Bouaziz, M. A., Blecker, C., Danthine, S., Attia, H. e Besbes, S. (2020). Efeito dos métodos de extração nas propriedades físico-químicas, estruturais, funcionais e antioxidantes dos concentrados de fibra alimentar de flores masculinas de tamareira. Journal of Food Biochemistry, 44 (6): e13202.

Katina, K. (2003). Panificação com alto teor de fibras.

Khalifa, I., Barakat, H., El-Mansy, H. e Soliman, S. (2016). Influência da incorporação de resíduos de processamento de goiaba na caraterização de cupcakes. Jornal de Nutrição e Ciências Alimentares, 6(4): 1000513.

Khodaei, D., Oltrogge, K. e Hamidi-Esfahani, Z.J.L. (2020). Preparação e caraterização de filmes comestíveis misturados fabricados com gelatina, goma de tragacanto e, goma persa. 117: 108617.

Khoozani, A.A., Kebede, B. e Bekhit, A.E.D.A. (2020). Alterações reológicas, texturais e estruturais na massa e no pão parcialmente substituídos por farinha de banana verde inteira. LWT-Food Science Technology, 126: 109252.

Korese, J.K., Chikpah, S.K., Hensel, O., Pawelzik, E. e Sturm, B. (2021). Efeito do tamanho das partículas da farinha de batata-doce de polpa alaranjada e do grau de substituição da farinha de trigo nas propriedades físicas, nutricionais, texturais e sensoriais dos biscoitos. Investigação e Tecnologia Alimentar Europeia, 247 (4): 889-905.

Ktenioudaki, A. e Gallagher, E. (2012a). Avanços recentes no desenvolvimento de produtos de panificação com alto teor de fibras. Tendências em Ciência e Tecnologia Alimentar, 28 (1): 4-14.

Ktenioudaki, A. e Gallagher, E. (2012b). Avanços recentes no desenvolvimento de produtos de panificação com alto teor de fibras. Tendências em Tecnologia da Ciência dos Alimentos, 28 (1): 4-14.

Kulkarni, A. e Joshi, D.J.I.F.R.J. (2013). Efeito da substituição da farinha de trigo por pó de abóbora nas qualidades texturais e sensoriais do biscui, 20 (2): 587.

Kurek, M.A., Karp, S., Wyrwisz, J. e Niu, Y. (2018). Propriedades físico-químicas de fibras alimentares extraídas de fontes sem glúten: quinoa (*Chenopodium quinoa*), amaranto (*Amaranthus caudatus*) e painço

(*Panicum miliaceum*). Food Hydrocolloids, 85: 321-330.

Kurhade, A., Patil, S., Sonawane, S.K., Waghmare, J.S. e Arya, S.S. (2016). Efeito do pó de casca de banana nos constituintes bioativos e na qualidade microestrutural do chapatti: pão achatado indiano sem fermento. Journal of Food Measurement and Characterization, 10: 32-41.

Lan, G., Chen, H., Chen, S. e Tian, J. (2012). Composição química e propriedades físico-químicas da fibra alimentar de Polygonatum odoratum como afetada por diferentes métodos de processamento. Food Research International, 49 (1): 406-410.

Lang, S., Gao, F., Li, X., Liu, Y., Zhang, H. e Wang, L. (2023). Efeito de Diferentes Tratamentos de Pré-Gelatinização nas Propriedades do Amido de Feijão Mung Acidificado. Starch-Stärke, 2200211.

Larrea, M., Chang, Y. e Martinez-Bustos, F. (2005a). Algumas propriedades funcionais da polpa de laranja extrudida e o seu efeito na qualidade das bolachas. LWT-Food Science Technology, 38 (3): 213-220.

Larrea, M., Chang, Y., Martinez-Bustos, F.J.L.F.S. e Tecnologia. (2005b). Algumas propriedades funcionais da polpa de laranja extrudida e seu efeito na qualidade dos biscoitos, 38(3): 213-220.

Latorre, M. E., Narvaiz, P., Rojas, A.M. e Gerschenson, L.N. (2010). Efeitos da irradiação gama nos parâmetros bioquímicos e físico-químicos da raiz de beterraba vermelha (*Beta vulgaris* L. var. conditiva) recém-cortada. Journal of Food Engineering, 98 (2): 178-191.

Li, B., Yang, W., Nie, Y., Kang, F., Goff, H.D. e Cui, S. W. (2019a). Efeito da explosão a vapor na fibra alimentar, polissacarídeo, proteína e propriedades físico-químicas do okara. Food Hydrocolloids, 94: 48-56.

Li, C., Yi, X., Yang, C. e Li, E. (2023). Estruturas moleculares finas do amido como factores determinantes da propriedade de gelatinização multifásica do amido na farinha de arroz. Química dos Cereais.

Li, H., Wang, X., Xiong, Q., Yu, Y. e Peng, L.J. (2020). Modificação sulfatada, caraterização e bioatividades potenciais de polissacarídeo dos corpos de frutificação de Russula virescens. Jornal Internacional de Macromoléculas Biológicas, 154: 1438-1447.

Li, S., Chen, G., Qiang, S., Tang, D., Chen, Y., Zhang, Z., Lei, Z. e Chen, Y.J.B.T.R. (2019b). Intensificação da produção de fibra alimentar solúvel e propriedades do resíduo de coalhada de soja por meio de tratamento de autoclave. 7: 100203.

Lim, H.S., Park, S.H., Ghafoor, K., Hwang, S.Y. e Park, J. (2011). Qualidade e propriedades antioxidantes do pão contendo *curcuma* (*Curcuma longa* L.) cultivada na Coreia do Sul. Food Chemistry, 124 (4): 1577-1582.

Lin, D., Long, X., Huang, Y., Yang, Y., Wu, Z., Chen, H., Zhang, Q., Wu, D., Qin, W. e Tu, Z. (2020). Efeitos da fermentação microbiana e do tratamento com micro-ondas na composição, caraterísticas estruturais e propriedades funcionais da fibra dietética de okara modificada. LWT-Food Science Technology, 123: 109059.

Lin, S. (2022). Fibra dietética em produtos de panificação: Source, processing, and function. Advances in Food and Nutrition Research, 99: 37-100.

Liu, L.Y., Wu, K.L., Jen, Y.W. e Yang, M.H. (2007). Efeito da adição de folhas e caule de batata-doce nas propriedades da massa e na qualidade do pão. Food Science and Technology International, 13(3): 239-244.

Liu, N., Ma, S., Li, L. e Wang, X. (2019). Estudo sobre o efeito da fibra alimentar do farelo de trigo nas propriedades reológicas da massa. Ciência e Tecnologia de Grãos e Óleos, 2 (1): 1-5.

López-Marcos, M.C., Bailina, C., Viuda-Martos, M., Pérez-Alvarez, J.A. e Fernández-López, J. (2015). Propriedades das fibras alimentares de coprodutos agroindustriais como fonte de alimentos enriquecidos com fibras. Tecnologia de Alimentos e Bioprocessos, 8: 2400-2408.

Louka, N., Juhel, F. e Allaf, K.J. (2004). Estudos de qualidade em vários tipos de vegetais parcialmente secos texturizados por descompressão súbita controlada:

Padrões gerais para a variação do rácio de expansão. Journal of Food Engineering, 65(2): 245-253.

Luo, X., Wang, Q., Fang, D., Zhuang, W., Chen, C., Jiang, W. e Zheng, Y. (2018). Modificação de fibras alimentares insolúveis da casca de broto de bambu: Caracterização estrutural e propriedades funcionais. Jornal Internacional de Macromoléculas Biológicas, 120: 1461-1467.

Lupton, J.R., Betteridge, V.A. e Pijls, L.T. (2009). Definição final do Codex de fibra alimentar: Questões de implementação. Garantia de Qualidade e Segurança de Culturas e Alimentos, 1(4): 206-212.

Ma, M.M. e Mu, T.H. (2016). Efeitos dos métodos de extração e da distribuição do tamanho das partículas nas propriedades estruturais, físico-químicas e funcionais da fibra alimentar dos cominhos desoilados. Food Chemistry, 194: 237-246.

Majzoobi, M., Ghavi, F. S., Farahnaky, A., Jamalian, J. e Mesbahi, G. (2011). Efeito do bagaço de tomate em pó nas propriedades físico-químicas do pão achatado (*pão Barbari*). Journal of Food Processing and Preservation, 35(2): 247-256.

Marra, F., De Bonis, M.V. e Ruocco, G. (2010). Aquecimento combinado por micro-ondas e convecção: Uma abordagem conjugada. Journal of Food Engineering, 97 (1): 31-39.

Martínez-Cervera, S., Salvador, A., Muguerza, B., Moulay, L. e Fiszman, S. (2011). Fibra de cacau e sua aplicação como substituto de gordura em muffins de chocolate. LWT-Ciência e Tecnologia Alimentar, 44(3): 729-736.

Martínez, R., Torres, P., Meneses, M.A., Figueroa, J.G., Pérez-Álvarez, J.A. e Viuda-Martos, M. (2012). Propriedades químicas, tecnológicas e antioxidantes in vitro de concentrado de fibra alimentar de manga, goiaba, ananás e maracujá. Food Chemistry, 135(3): 1520-1526.

Martins, Z., Pinho, O. e Ferreira, I. (2017). Subprodutos da indústria alimentar utilizados como ingredientes funcionais de produtos de panificação. Tendências em Ciência e Tecnologia Alimentar, 67: 106-128.

Mateos-Aparicio, I., Mateos-Peinado, C. e Rupérez, P. (2010). A alta pressão hidrostática melhora a funcionalidade da fibra alimentar no subproduto okara da soja. Ciência Alimentar Inovadora e Tecnologias Emergentes, 11(3): 445-450.

Mathew, N.S. e Negi, P.S. (2017). Usos tradicionais, fitoquímica e farmacologia da banana selvagem (*Musa acuminata* Colla): Uma revisão. Jornal de etnofarmacologia, 196: 124-140.

Mau, J.L., Lee, C.C., Yang, C.W., Chen, R.W., Zhang, Q.F. e Lin, S.D. (2020). Caraterísticas físico-químicas, antioxidantes e sensoriais do pão parcialmente substituído por partes aéreas de batata-doce. LWT, 117: 108602.

McCleary, B.V., DeVries, J.W., Rader, J.I., Cohen, G., Prosky, L., Mugford, D.C., Champ, M. e Okuma,

K. (2012). Determinação de fibra alimentar insolúvel, solúvel e total (definição CODEX) por método enzimático-gravimétrico e cromatografia líquida: estudo colaborativo. Journal of AOAC International, 95(3): 824-844.

Meng, X., Liu, F., Xiao, Y., Cao, J., Wang, M. e Duan, X. (2019). Alterações nas propriedades físico-químicas e funcionais da fibra alimentar insolúvel em palha de trigo sarraceno por tratamento alcalino com peróxido de hidrogénio. Química Alimentar: X, 3: 100029.

Milan, A.M., Cameron-Smith, D.J.A.I.F. e Research, N. (2015). Digestão e metabolismo pós-prandial em idosos. Avanços na Investigação em Nutrição Alimentar, 76: 79-124.

Mitroglou, N., Stamboliyski, V., Karathanassis, I., Nikas, K. e Gavaises, M. (2017). Derramamento de vórtice de cavitação em nuvem dentro de um bico injetor. Experimental Thermal and Fluid Science, 84: 179-189.

Mohapatra, D., Mishra, S. e Sutar, N. (2010). Banana e utilização dos seus subprodutos: uma visão geral. Jornal de Investigação Científica e Industrial, 69 (5): 323-329.

Namir, M., Elzahar, K., Ramadan, M.F. e Allaf, K. (2017). Snacks de casca de pera de cato preparados por texturização instantânea de gota de pressão: Efeito das variáveis do processo em compostos bioativos e propriedades funcionais. Journal of food Measurement Characterization, 11(2): 388-400.

Namir, M., Iskander, A., Alyamani, A., Sayed-Ahmed, E.T.A., Saad, A.M., Elsahy, K., El-Tarabily, K.A. e Conte-Junior, C.A. (2022). Atualização de massas de trigo comuns por fração rica em fibras de subproduto de casca de batata em diferentes tamanhos de partículas: Efeitos nas propriedades físico-químicas, térmicas e sensoriais. Molecules, 27(9): 2868.

Namir, M., Rabie, M.A. e Rabie, N.A. (2021). Caraterísticas físico-químicas, de colagem e sensoriais de donut sem glúten de fibra dietética antioxidante feito de subprodutos de melão. Jornal de Medição e Caracterização de Alimentos, 15 (6): 5445-5459.

Namir, M., Siliha, H. e Ramadan, M.F. (2015a). Pectina de fibra de bagaço de tomate: caraterísticas, propriedades funcionais e aplicação em hambúrguer de carne bovina com baixo teor de gordura. Journal of Food Measurement and Characterization, 9 (3): 305-312.

Namir, M., Suleiman, A.R. e Hassanien, M.F.R. (2015c). Caracterização e funcionalidade de sólidos insolúveis em álcool de bagaço de tomate como substituto de gordura em bolo com baixo teor de gordura. Journal of Food Measurement and Characterization, 9(4): 557-563.

Ng, H. S., Kee, P. E., Yim, H. S., Chen, P.-T., Wei, Y.-H. e Lan, J. C.-W. (2020). Avanços recentes nas abordagens sustentáveis para conversão e reutilização de resíduos alimentares em bioprodutos valiosos. Bioresource technology, 302: 122889.

Ng, S.H., Robert, S.D., Ahmad, W.A.N.W. e Ishak, W.R.W. (2017). A incorporação de pó de cogumelo ostra (*Pleurotus* sajor-Caju) rico em fibras alimentares melhora a resposta glicémica pós-prandial, interferindo na estrutura do grânulo de amido e na digestibilidade do amido do biscoito. Food Chemistry, 227: 358-368.

Niu, Y., Li, N., Xia, Q., Hou, Y. e Xu, G. (2018). Comparações de três modificações nas propriedades estruturais, reológicas e funcionais das fibras alimentares solúveis das cascas de tomate. LWT-Ciência e Tecnologia Alimentar, 88: 56-63.

Noor Aziah, A., Lee Min, W. e Bhat, R. (2011). Avaliação da qualidade nutricional e sensorial do pão de ló preparado com a incorporação de farinhas de polpa e casca de manga (*Mangifera indica* var. Chokanan) com elevado teor de fibra alimentar. International Journal of Food Sciences and Nutrition, 62 (6): 559-567.

Noort, M.W., van Haaster, D., Hemery, Y., Schols, H.A. e Hamer, R.J. (2010). The effect of particle size of wheat bran fractions on bread quality-Evidence for fibre-protein interactions. Journal of Cereal Science, 52 (1): 59-64.

Ocen, D. e Xu, X.J. (2013). Efeito das preparações de fibra dietética de subprodutos de laranja cítrica (*Citrus sinensis*) nas caraterísticas de qualidade do pão de massa congelada. American Journal of Food Technology, 8(1): 43-53.

Odedina, M.J., Charnnok, B., Saritpongteeraka, K. e Chaiprapat, S. (2017). Efeitos do tamanho e da pré-hidrólise termofílica da casca de banana durante a digestão anaeróbia e potencial de biometanação dos principais resíduos de frutas tropicais. Gestão de Resíduos, 68: 128-138.

Olapade, A.A. e Adeyemo, M.A.J.I.J.O.F.S. (2014). Avaliação de biscoitos produzidos a partir de misturas de farinhas de trigo, mandioca e feijão-caupi. 3(2).

Oliveira, T. Í. S., Rosa, M. F., Cavalcante, F. L., Pereira, P. H. F., Moates, G. K., Wellner, N., Mazzetto, S. E., Waldron, K. W.,e Azeredo, H. M. (2016). Otimização da extração de pectina de cascas de banana com ácido cítrico usando metodologia de superfície de resposta. Química de Alimentos, 198: 113-118.

Onyango, C., Mutungi, C., Unbehend, G. e Lindhauer, M.G. (2011). Modificação de massa e pão de sorgo sem glúten utilizando amido de milho, batata, mandioca ou arroz. LWT-Food Science Technology, 44 (3): 681-686.

Oyeyinka, S.A., Ojuko, I.B., Oyeyinka, A.T., Akintayo, O.A., Adebisi, T.T. e Adeloye, A.A.J.J.O.F.P. (2018).

Propriedades físico-químicas de novos biscoitos sem glúten de raiz de mandioca fermentada, 42(11): e13819.

Pan, L.H., Luo, S.Z., Liu, F. e Luo, J.P. (2018). Comparação das propriedades reológicas da massa e das caraterísticas anti-incrustantes do pão chinês cozido no vapor contendo β-glucano de levedura ou aveia. Química dos Cereais, 95 (1): 149-157.

Parenti, O., Carini, E., Marchini, M., Tuccio, M.G., Guerrini, L. e Zanoni, B.J.L. (2021). Pão de trigo integral: Efeito da adição gradual de água durante a amassadura nas propriedades da massa e do pão. LWT-Food Science Technology, 142: 111017.

Park, C.S. e Baik, B.K.J.C.C. (2002). Caraterísticas da farinha relacionadas com a absorção óptima de água da massa de noodles para fazer noodles brancos salgados. Cereal Chemistry, 79(6): 867-873.

Park, K.H., Lee, K.Y. e Lee, H.G. (2013). Composição química e propriedades físico-químicas da fibra dietética da cevada por modificação química. Revista Internacional de Macromoléculas Biológicas, 60: 360 - 365.

Penella, J.S., Collar, C. e Haros, M.J. (2008). Efeito do farelo de trigo e da adição de enzimas no desempenho funcional da massa e nos níveis de ácido fítico no pão. Journal of Cereal Science, 48(3): 715-721.

Peng, G., Shimizu, S. e Fujikawa, S. (2011). Simulação numérica de jato de água cavitante através de um método de fluxo de mistura compressível. Journal of Fluid Science and Technology, 6(4): 499-509.

Pereira, A. e Maraschin, M. (2015). Banana (Musa spp) da casca à polpa: etnofarmacologia, fonte de compostos bioactivos e sua relevância para a saúde humana. Journal of Ethnopharmacology, 160: 149-163.

Pereira, M.A.F., Monteiro, C.R.M., Pereira, G.N., Júnior, S.E.B., Zanella, E., Ávila, P.F., Stambuk, B.U., Goldbeck, R., de Oliveira, D. e Poletto, P. (2021). Desconstrução da casca de banana para fracionamento de carboidratos. Bioprocess and Biosystems Engineering, 44 (2): 297-306.

Peressini, D. e Sensidoni, A.J. (2009). Efeito da adição de fibra alimentar solúvel nas propriedades reológicas e de panificação das massas de trigo. Journal of Cereal Science, 49(2): 190-201.

Raghavendra, S., Swamy, S.R., Rastogi, N., Raghavarao, K., Kumar, S. e Tharanathan, R. (2006). Caraterísticas de moagem e propriedades de hidratação do resíduo de coco: A source of dietary fiber. Journal of Food Engineering, 72(3): 281-286.

Ram, S., Dawar, V., Singh, R., & Shoran, J. (2005). Aplicação de testes de capacidade de retenção de solventes para a previsão das propriedades de mistura da farinha de trigo. Journal of Cereal Science, 42(2), 261-266.

Ramli, S., Alkarkhi, A.F., Shin Yong, Y., Min-Tze, L. e Easa, A.M. (2009). Efeito da polpa e da farinha de casca de banana nas propriedades físico-químicas e na digestibilidade in vitro do amido de noodles amarelos alcalinos. International Journal of Food Sciences and Nutrition, 60 (sup4): 326-340.

Rehman, S., Nadeem, M., Ahmad, F. e Mushtaq, Z. (2018). Produção biotecnológica de xilitol a partir de casca de banana e seu impacto nas propriedades físico-químicas dos biscoitos. J. Agr. Sci. Tech., 15: 747-756.

Rosell, C.M., Rojas, J.A., e De Barber, C.B. (2001). Influência dos hidrocolóides na reologia da massa e na qualidade do pão. Food Hydrocolloids, 15(1): 75-81.

Rosmiza, M., Davies, W., CR, R.A., Jabil, M. e Mazdi, M. (2016). Perspectivas para aumentar a produção comercial de cogumelos na Malásia: desafios e oportunidades. Revista Mediterrânica de Ciências Sociais, 7 (1 S1): 406.

Russell, R.M. (2001). New micronutrient dietary reference intakes from the National Academy of Sciences. Nutrition Today, 36(3): 163-171.

Saeed, F., Hussain, M., Arshad, M.S., Afzaal, M., Munir, H., Imran, M., Tufail, T. e Anjum, F.M. (2021). Propriedades funcionais e nutracêuticas dos polissacáridos não amiláceos da parede celular do farelo de milho. Jornal Internacional de Propriedades Alimentares, 24 (1): 233-248.

Saeed, G., Arif, S., Ahmed, M., Ali, R. e Shih, F. (2009). Influência do farelo de arroz nas propriedades reológicas da massa e no desenvolvimento de novos produtos. Journal of Food Science and Technology.

Salinas, M.V. e Puppo, M.C. (2015). Otimização da formulação de pães nutritivos à base de carbonato de cálcio e inulina. LWT-Ciência e Tecnologia de Alimentos, 60(1): 95-101.

Santamaria, M., Montes, L., Garzon, R., Moreira, R. e Rosell, C.M. (2022). Desvendando o impacto da viscosidade e do tipo de amido na digestibilidade in vitro do amido de diferentes géis. Food and Function, 13 (14): 7582-7590.

Saura-Calixto, F. (2011). A fibra alimentar como transportadora de antioxidantes dietéticos: uma função fisiológica essencial. Journal of Agricultural and Food Chemistry, 59 (1): 43-49.

Seal, C.J. e Brownlee, I.A. (2015). Alimentos integrais e doenças crónicas: evidências de estudos epidemiológicos e de intervenção. Actas da Sociedade de Nutrição, 74(3): 313-319.

Sęczyk, Ł., Świeca, M., Dziki, D., Anders, A. e Gawlik-Dziki, U. (2017). Caraterísticas antioxidantes, nutricionais e funcionais do pão de trigo enriquecido com cascas de linhaça moídas. Food Chemistry, 214: 32-38.

Seker, I., Ozboy-Ozbas, O., Gokbulut, I., Ozturk, S. e Koksel, H.J. (2010). Utilização de farinha de caroço de alperce como substituto de gordura em bolachas. Journal of Food Properties, 34 (1): 15-26.

Sharma, P., Gaur, V.K., Kim, S.H. e Pandey, A. (2020). Estratégias microbianas para a transformação biológica de resíduos alimentares em recursos. Bioresource Technology, 299: 122580.

Sivam, A. S., Sun-Waterhouse, D., Quek, S. e Perera, C.O. (2010). Propriedades da massa de pão com adição de polissacáridos fibrosos e antioxidantes fenólicos: A review. Journal of Food Science, 75 (8): R163-R174.

Slorach, S.J.R.S.E.T. (2006). Assegurar a segurança dos alimentos: as tarefas e normas complementares da Organização Mundial da Saúde Animal e da Comissão do Codex Alimentarius. Revue Scientifique Et Technique, 25 (2): 813-821.

Song, Y., Su, W. e Mu, Y. C. (2018). Modificação da fibra dietética do broto de bambu pela tecnologia de extrusão-celulase e suas propriedades. Jornal Internacional de Propriedades Alimentares, 21(1): 1219-1232.

Šoronja-Simović, D., Šereš, Z., Maravić, N., Djordjević, M., Djordjević, M., Luković, J. e Tepić, A. (2016). Melhoria das propriedades físico-químicas das fibras de beterraba sacarina afetadas pela modificação química e secagem a vácuo. Processamento de alimentos e bioprodutos, 100: 432-439.

Srivastava, P., Indrani, D. e Singh, R. (2014a). Efeito do pó de casca de romã seca (*Punica granatum*) (DPPP) nas caraterísticas texturais, organolépticas e nutricionais dos biscoitos. International Journal of Food Sciences Nutrition, 65(7): 827-833.

Srivastava, P., Indrani, D. e Singh, R. (2014b). Effect of dried pomegranate (*Punica granatum*) peel powder (DPPP) on textural, organoleptic and nutritional characteristics of biscuits. Jornal Internacional de Ciências Alimentares e Nutrição, 65(7): 827-833.

Stoffel, F., de Oliveira Santana, W., Fontana, R.C. e Camassola, M. (2021). Utilização de farinha micoprotéica de Pleurotus albidus para produção de biscoitos: Avaliação do enriquecimento nutricional e atividade biológica. Ciência Alimentar Inovadora e Tecnologias Emergentes, 68: 102642.

Stribling, P. e Ibrahim, F. (2023). Definição de fibra alimentar revisitada - O caso dos hidratos de carbono de baixo peso molecular. Clinical Nutrition ESPEN, 55: 340-356.

Sudha, M., Vetrimani, R. e Leelavathi, K.J.F.C. (2007). Influência da fibra de diferentes cereais nas caraterísticas reológicas da massa de farinha de trigo e na qualidade dos biscoitos. Food Chemistry, 100 (4): 1365-1370.

Sun, C., Wu, X., Chen, X., Li, X., Zheng, Z. e Jiang, S. (2020). Produção e caraterização da fibra dietética okara produzida por fermentação com Monascus anka. Química Alimentar, 316: 126243.

Taguchi, T., Onishi, M., Katsuno, N., Miwa, N., Oomoto, C., Sato, M., Sekita, M., Yamaguchi, H., Imaizumi, T. e Nishizu, T. (2023). Avaliação da retrogradação do amido por difração de raios X utilizando um método de adição de água. LWT, 173: 114341.

Tamba-Berehoiu, R.M., Popa, C., Vişan, L.V., Simion, V., Dobrınoıu, R. e Dănăilă-Guidea, S. (2018). Farinógrafo vs. alveógrafo na modelação preditiva da qualidade das farinhas de trigo. Trabalho apresentado no evento Agric Life Life Agric Conf.

Tarek-Tilistyák, J., Agócs, J., Lukács, M., Dobró-Tóth, M., Juhász-Román, M., Dinya, Z., Jekő, J. e Máthé, E. (2014a). Novos pães fortificados com bolos de oleaginosas e nozes. Ata Alimentaria, 43(3): 444-451.

Torres-León, C., Ramírez-Guzman, N., Londoño-Hernandez, L., Martinez-Medina, G.A., Díaz-Herrera, R., Navarro-Macias, V., Alvarez-Pérez, O. B., Picazo, B., Villarreal-Vázquez, M. e Ascacio-Valdes, J. (2018). Resíduos e subprodutos alimentares: Uma oportunidade para minimizar a desnutrição e a fome nos países em desenvolvimento. Fronteiras em Sistemas Alimentares Sustentáveis, 2: 52.

Tsado, A., Okoli, N., Jiya, A., Gana, D., Saidu, B., Zubairu, R., e Salihu, I. (2021). Composições de Proximato, Minerais e Aminoácidos de Cascas de Banana e Tanchagem. BIOMED Ciência Natural e Aplicada, 1 (01): 032-042.

Tsang, Y.F., Kumar, V., Samadar, P., Yang, Y., Lee, J., Ok, Y.S., Song, H., Kim, K.H., Kwon, E.E. e Jeon, Y.J. (2019). Produção de bioplástico através da valorização de resíduos alimentares. Environment International, 127: 625-644.

Tudorica, C., Kuri, V. e Brennan, C. (2002). Caraterísticas nutricionais e físico-químicas de massas alimentícias enriquecidas com fibra alimentar. Journal of Agricultural and Food Chemistry, 50 (2): 347-356.

Tungland, B. e Meyer, D. (2002). Oligo e polissacáridos não digeríveis (fibra alimentar): a sua fisiologia e papel na saúde humana e na alimentação. Comprehensive Reviews in Food Science and Food Safety, 1 (3): 90-109.

Ullah, I., Yin, T., Xiong, S., Zhang, J., Din, Z.U. e Zhang, M. (2017). Caraterísticas estruturais e propriedades físico-químicas da fibra dietética insolúvel de okara (resíduo de soja) modificada por moagem de mídia úmida de alta energia. LWT-Ciência e Tecnologia Alimentar, 82: 15-22.

Usman, M., Ahmed, S., Mehmood, A., Bilal, M., Patil, P.J., Akram, K. e Farooq, U.J. (2020). Efeito do bagaço de maçã na nutrição, Reologia da Massa e Qualidade dos Biscoitos Jornal de Ciências Alimentares, 57: 3244-3251.

Viuda-Martos, M., Ruiz-Navajas, Y., Martin-Sánchez, A., Sánchez-Zapata, E., Fernández-López, J., Sendra, E., Sayas-Barberá, E., Navarro, C. e Pérez-Álvarez, J.J. (2012). Propriedades químicas, físico-químicas e funcionais do co-produto em pó de bagaço de romã (*Punica granatum* L.), Journal of Food Engineering, 110(2): 220-224.

Vu, H.T., Scarlett, C.J. e Vuong, Q.V. (2019). Alterações de fitoquímicos e capacidade antioxidante da casca de banana durante o processo de amadurecimento; com e sem tratamento com etileno. Scientia Horticulturae, 253: 255-262.

Walker, R., Tseng, A., Cavender, G., Ross, A. e Zhao, Y. (2014). Qualidades físico-químicas, nutricionais e sensoriais de produtos de pastelaria fortificados com bagaço de uva de vinho. Journal of Food Science, 79 (9): S1811-S1822.

Wang, C., Song, R., Wei, S., Wang, W., Li, F., Tang, X. e Li, N. (2020a). Modificação da fibra dietética insolúvel do resíduo de gengibre através de tratamentos enzimáticos para melhorar suas propriedades bioativas. LWT-Ciência e Tecnologia Alimentar, 125: 109220.

Wang, H., Huang, T., Tu, Z.C., Ruan, C.Y. e Lin, D. (2016). A adsorção de iões de chumbo (II) por microfluidização dinâmica de alta pressão tratada com fibra dietética de soja insolúvel. Jornal de Ciência e Tecnologia de Alimentos, 53: 2532-2539.

Wang, H.O., Liu, S.H., Zhou, X.J., Yang, X.Y., Gao, Q., Tanokura, M. e Xue, Y.L. (2020b). O tratamento com peróxido de hidrogénio melhora as propriedades físico-químicas das fibras alimentares da casca de inhame chinês. Jornal Internacional de Ciência e Tecnologia Alimentar, 55(3):1289-1297.

Wang, J., Rosell, C.M. e de Barber, C.B. (2002). Effect of the addition of different fibres on wheat dough performance and bread quality (Efeito da adição de diferentes fibras no desempenho da massa de trigo e na qualidade do pão). Food Chemistry, 79(2): 221-226.

Wang, K., Li, M., Wang, Y., Liu, Z. e Ni, Y. (2021). Efeitos dos métodos de extração nas caraterísticas estruturais e propriedades funcionais da fibra alimentar extraída do kiwi (*Actinidia deliciosa*). Food Hydrocolloids, 110: 106162.

Wang, L., Wu, J., Luo, X., Li, Y., Wang, R., Li, Y., Li, J. e Chen, Z. (2018). Tratamento dinâmico de microfluidização de alta pressão do farelo de arroz: Efeito na adsorção de iões Pb (II) in vitro. Journal of Food Science, 83 (7): 1980-1989.

Wang, L., Xu, H., Yuan, F., Fan, R. e Gao, Y. (2015). Preparação e propriedades físico-químicas da fibra dietética solúvel da casca de laranja assistida por explosão a vapor e imersão em ácido diluído. Food Chemistry, 185: 90-98.

Wani, A.A., Sogi, D., Singh, P. e Khatkar, B. (2015). Influência dos concentrados proteicos de sementes de melancia no manuseamento da massa, propriedades texturais e sensoriais dos biscoitos. Journal of food Science and Technology, 52: 2139-2147.

Wei, E., Yang, R., Zhao, H., Wang, P., Zhao, S., Zhai, W., Zhang, Y. e Zhou, H. (2019). A extração assistida por micro-ondas libera os polissacarídeos antioxidantes das bagas de espinheiro-mar (*Hippophae rhamnoides* L.). Jornal Internacional de Macromoléculas Biológicas, 123: 280-290.

Wen, Y., Niu, M., Zhang, B., Zhao, S. e Xiong, S. (2017). Caraterísticas estruturais e propriedades funcionais da fibra dietética do farelo de arroz modificada por tratamentos enzimáticos e de micronização enzimática. LWT-Tecnologia da Ciência Alimentar, 75: 344-351.

Wrigley, C., Tömösközi, S., Békés, F. e Bason, M. (2022). O Farinógrafo: Suas origens, The Farinograph Handbook: 3-21: Elsevier.

Wu, C., Gong, X., Zhang, J., Zhang, C., Qian, J.Y. e Zhu, W. (2023). Efeito da proteína de arroz nas propriedades de gelatinização e retrogradação do amido de arroz. Jornal Internacional de Macromoléculas Biológicas, 125061.

Wu, C., Teng, F., McClements, D. J., Zhang, S., Li, Y. e Wang, Z. (2020). Efeito do processamento de jato de cavitação nas propriedades físico-químicas e caraterísticas estruturais da fibra dietética de okara. Food Research International, 134: 109251.

Wu, L.G., Wang, A.N., Li, X.L. e Qu, L.B. (2014). Efeito da fibra dietética do pericarpo de milho extrudido na reologia da massa e na qualidade do invólucro do bolinho de massa. Pesquisa em Ciência e Tecnologia de Alimentos, 20 (2): 235-240.

Wu, M.Y. e Shiau, S.Y. (2015). Efeito da quantidade e do tamanho das partículas da fibra da casca do ananás na reologia da massa e na qualidade do pão cozido a vapor. Journal of Food Processing and Preservation, 39(6): 549-558.

Wu, Y., Qian, Y., Pan, Y., Li, P., Yang, J., Ye, X. e Xu, G. (2015). Associação entre a ingestão de fibras alimentares e o risco de doença cardíaca coronária: A meta-analysis. Nutrição clínica, 34 (4): 603-611.

Xie, F., Li, M., Lan, X., Zhang, W., Gong, S., Wu, J. e Wang, Z. (2017). Modificação de fibras alimentares de batatas de polpa roxa (Heimeiren) com alta pressão hidrostática e processamento de homogeneização de alta pressão: Um estudo comparativo. Ciência Alimentar Inovadora e Tecnologias Emergentes, 42: 157-164.

Xu, J., Li, Y., Zhao, Y., Wang, D. e Wang, W.J. (2021). Influência da fibra dietética antioxidante nas propriedades da massa e nas qualidades do pão: Uma revisão. Journal of Functional Foods, 80: 104434.

Xue, Z., Ma, Q., Guo, Q., Santhanam, R. K., Gao, X., Chen, Z., Wang, C. e Chen, H. (2019). Propriedades físico-químicas e funcionais da fibra dietética extrudida a partir de resíduos de cogumelos Lentinula edodes. Biociência Alimentar, 32: 100452.

Yan, L., Li, T., Liu, C. e Zheng, L. (2019). Efeitos da alta pressão hidrostática e do tratamento de moagem superfina nas propriedades físico-químicas / funcionais do bagaço de pera e na composição química de sua fibra alimentar solúvel. LWT-Food Science Technology, 107: 171 -177.

Yancy, W.S., Foy, M., Chalecki, A.M., Vernon, M.C. e Westman, E.C. (2005). Uma dieta cetogénica com baixo teor de hidratos de carbono para tratar a diabetes tipo 2. Nutrition and Metabolism, 2(1): 1-7.

Yang, Z., Zhang, Y., Wu, Y. e Ouyang, J. (2022). Factores que influenciam a digestibilidade do amido dos alimentos ricos em amido: A review. Food Chemistry: 135009.

Yoshida, B.Y. e Prudencio, S.H. (2020). O peróxido de hidrogénio alcalino melhora as propriedades físicas, químicas e tecno-funcionais do okara. Food Chemistry, 323: 126776.

Yu, G., Bei, J., Zhao, J., Li, Q. e Cheng, C. (2018). Modificação da fibra dietética insolúvel do bagaço de cenoura (*Daucus carota* Linn. var. Sativa Hoffm.) Com método enzimático complexo, cominuição ultrafina e alta pressão hidrostática. Food Chemistry, 257: 333-340.

Zaini, H.M., Roslan, J., Saallah, S., Munsu, E., Sulaiman, N.S. e Pindi, W. (2022). As cascas de banana como ingrediente bioativo e a sua potencial aplicação na indústria alimentar. Journal of Functional Foods, 92: 105054.

Zanariah, M., Zaleqha, M.N. e Lisnurjannah, M. (2019). Utilização da farinha de casca de banana como ingrediente de fibra nos cones de waffle. Konvensyen Kebangsaan Kejuruteraan Pertanian Dan Makanan. 21th março (MSAE2019-PFE21): 141-144.

Zhang, M.Y., Liao, A.M., Thakur, K., Huang, J.H., Zhang, J.G. e Wei, Z.J. (2019). Modificação da fibra alimentar insolúvel do farelo de trigo com carboximetilação, hidrólise enzimática complexa e cominuição ultrafina. Química Alimentar, 297: 124983.

Zhang, W., Li, X. e Jiang, W. (2020a). Desenvolvimento de filme de quitosana antioxidante com extrato de casca de banana e sua aplicação como revestimento na manutenção da qualidade de armazenamento da maçã. International Journal of Biological Macromolecules, 154: 1205-1214.

Zhang, Y., Qi, J., Zeng, W., Huang, Y. e Yang, X. (2020b). Propriedades da fibra alimentar de citrinos obtida através do tratamento com peróxido de hidrogénio alcalino e tratamento de homogeneização. Food Chemistry, 311: 125873.

Zheng, Y. e Li, Y. (2018). Propriedades físico-químicas e funcionais das fibras dietéticas do bolo de coco (*Cocos nucifera* L.): Efeitos da hidrólise da celulase, tratamento ácido e distribuição do tamanho das partículas. Química Alimentar, 257: 135-142.

Zheng, Y., Li, Y. e Tian, H. (2020). Efeitos da carboximetilação, tratamento ácido, hidroxipropilação e aquecimento combinados com hidrólise enzimática nas propriedades estruturais e físico-químicas da fibra dietética do expulsor de palmiste. LWT-Food Science Technology, 133: 109909.

Zhou, X.L., Qian, Y.F., Zhou, Y.M. e Zhang, R. (2012). Efeito do tratamento de extração enzimática nas propriedades físico-químicas, microestrutura e composição de nutrientes do farelo de trigo sarraceno tártaro: Uma nova fonte de fibra dietética antioxidante. Pesquisa de Materiais Avançados, 396: 2052-2059.

Zurbau, A., Noronha, J.C., Khan, TA, Sievenpiper, J.L. e Wolever, TM (2021). O efeito do β-glucano de aveia nas respostas pós-prandiais de glicose no sangue e insulina: uma revisão sistemática e meta-análise. Jornal Europeu de Nutrição Clínica, 75 (11): 1540-1554.

MIX
Papier aus verantwortungsvollen Quellen
Paper from responsible sources
FSC® C105338

Printed by Books on Demand GmbH, Norderstedt / Germany